国家级职业教育规划教材

全国职业院校烹饪专业教材

冷拼与食品雕刻

朱诚心　主编

中国劳动社会保障出版社

简　介

本教材为全国职业院校烹饪专业国家级规划教材，由人力资源社会保障部教材办公室组织编写。本教材主要内容包括冷拼的种类、原则和拼摆步骤，冷拼造型的方法和实例，食品雕刻的种类、原料和工具，食品雕刻的原则和步骤，食品雕刻的方法和实例，食品雕刻综合训练等。教材在每章后安排了“思考与练习”，帮助学生巩固所学内容。

本教材由朱诚心任主编，许鑫、杨宗亮任副主编，刘召权、黄懿、时蓓、朱鹏飞、孙媛媛参与编写。

图书在版编目（CIP）数据

冷拼与食品雕刻 / 朱诚心主编 . -- 北京：中国劳动社会保障出版社，2022

全国职业院校烹饪专业教材

ISBN 978-7-5167-5124-4

Ⅰ. ①冷…　Ⅱ. ①朱…　Ⅲ. ①凉菜 - 制作 - 中等专业学校 - 教材②食品 - 装饰雕塑 - 中等专业学校 - 教材　Ⅳ. ① TS972.114

中国版本图书馆 CIP 数据核字（2022）第 106049 号

中国劳动社会保障出版社出版发行

（北京市惠新东街 1 号　邮政编码：100029）

*

北京市白帆印务有限公司印刷装订　　新华书店经销

787 毫米 × 1092 毫米　16 开本　6.25 印张　113 千字

2022 年 8 月第 1 版　　2022 年 12 月第 2 次印刷

定价：19.00 元

营销中心电话：400-606-6496

出版社网址：http://www.class.com.cn

http://jg.class.com.cn

前　言

近年来，随着我国社会经济、技术的发展，以及人们生活水平的提高，餐饮行业也在不断创新中向前发展。餐饮业规模逐年增长，新标准、新技术、新设备和新方法不断出现，人们对餐饮的需求也日益丰富多样。随着餐饮行业的发展，餐饮企业对从业人员的知识水平和职业能力水平提出了更高的要求。为了培养更加符合餐饮企业需要的技能人才，我们组织了一批教学经验丰富、实践能力强的一线教师和行业、企业专家，在充分调研的基础上，编写了这套全国职业院校烹饪专业教材。

本套教材主要有以下几个特点：

第一，体系完整，覆盖面广。教材包括烹饪专业基础知识、基本操作技能及典型菜品烹饪技术等多个系列数十个品种，涵盖了中式烹调技法、西式烹调技法及面点制作等各方面知识，并涉及饮食营养卫生、烹饪原料、餐饮企业管理等内容，基本覆盖了目前烹饪专业教学各方面的内容，能够满足职业院校烹饪教学所需。

第二，理实结合，先进实用。教材本着“学以致用”的原则，根据餐饮企业的工作实际安排教材的结构和内容，将理论知识与操作技能有机融合，突出对学生实际操作能力的培养。教材根据餐饮行业的现状和发展趋势，尽可能多地体现新知识、新技术、新方法、新设备，使学生达到企业岗位实际要求。

第三，生动直观，资源丰富。教材多采用四色印刷，使烹饪原料的识别、工艺流程的描述、设备工具的使用更加直观生动，从而营造出更加直观的认知环境，提高教材的可读性，激发学生的学习兴趣。教材同

步开发了配套的电子课件及习题册。电子课件及习题册答案可登录技工教育网（jg.class.com.cn），搜索相应的书目，在相关资源中下载。部分教材针对教学重点和难点制作了演示视频、音频等多媒体素材，学生扫描二维码即可在线观看或收听相应内容。

本套教材的编写工作得到了有关学校的大力支持，教材的编审人员做了大量的工作，在此，我们表示诚挚的谢意！同时，恳切希望广大读者对教材提出宝贵的意见和建议。

人力资源社会保障部教材办公室

目　录

绪　论

冷拼又称冷菜拼摆或凉菜拼摆，是根据食用要求，将经过加工的冷菜原料，运用不同的刀法和拼摆手法，制成具有一定图案的拼盘。食品雕刻是指运用特殊技艺，将可食用性原料雕刻成具有实物形象、特征、造型的作品，用以装饰菜点，美化宴席，烘托宴会气氛。

一、冷拼的起源与发展

人类学会使用火以后，结束了“茹毛饮血”的生活，开始食用熟食。火的使用孕育了原始的烹饪，标志着人类进入了“文明”时期，人类的社会活动也因此更加丰富多彩。从史料上看，先民信奉天神旨意、祖先魂灵，常进行各种祭祀活动，在祭祀神祖时，有一种祭祀食物叫“饤”。据《礼记》记载，这种“饤”是指堆叠在器皿中的菜蔬果品，一般只供陈列而不食用，作为一种“看菜”，它便是冷拼的前身。后来，由“饤”演化成“饾饤”，根据《食经》的解释，“饾饤”是“五色小饼，作花卉禽珍宝形，按抑盛之，盒中累积”，从这段话中可以看出，“饾饤”与花色冷拼是十分相似的。

到了隋唐时代，冷拼的拼摆技艺有了很大的发展和提高。隋炀帝杨广南巡江都时所吃到的“金齑玉脍”，其中鱼肉洁白如玉，配料色泽金黄，是当时较高级的冷拼艺术菜。在这个时期，花色冷拼逐渐成为席上佳肴。《卢氏杂说》记载：“唐御厨进食用九饤食，以牙盘九枚装食味于其间，置上前，亦谓之香食。”这是唐代使用冷拼的重要资料。韦巨源的《烧尾宴食单》中有道名菜叫“五生盘”，是将牛、猪、羊、熊、鹿五种肉制熟拼摆而成。

五代至宋朝，冷拼的制作更为精湛。五代时有个法名叫梵正的尼姑庖厨，她能用腌鱼、炖肉、肉丝、肉脯、肉茸、酱瓜、菜蔬之类，做成景物拼盘。如座上有二十位客人，就每人一只风景盘，二十只盘子合起来，就成了王维的名画《辋川图》小样，堪称将菜肴与造型艺术融为一体的典范。由此可见，那时的冷拼技艺达到了很高的水平。

明清时代，冷拼技艺日臻完善，制作冷拼的原料及工艺方法不断创新。各种花色冷拼被广泛运用于明清的宫廷御膳和官府菜式中。

今天，随着人们生活水平的提高，餐饮业发生了巨大的变化，冷拼更显其重要性，

广大厨师在继承传统技艺的基础上，大胆构思，锐意进取，创造了多种题材的冷拼作品，一些形象逼真、栩栩如生的花色冷拼应运而生，为冷拼艺术赋予了新的内容，使其得到了更大的发展。

二、冷拼的特点

冷拼被称为“立体的画，无言的诗”，其制作与热菜制作迥然不同，有着自己独特的技艺。其特点如下：

1. 口味

冷拼菜肴的口味特点是无汤、无腻、干香、脆嫩。它的口味须入口才能感觉到，一般是味透肌里，越嚼越香，食后唇齿留香。

2. 烹制

冷拼菜肴有热制冷吃和冷制冷吃两种。大多是先烹调后切配，可以大批量制作，多次使用。

3. 刀工处理

冷拼的菜肴原料多数是熟料，经过刀工处理后即装入盘中，所以刀工在冷拼中的应用要求更为细致，刀工的好坏直接影响拼摆的质量。娴熟的刀工是创造高质量冷拼的技术保障。

4. 装盘造型

冷拼原料经过刀工处理后靠拼摆成型，要求造型丰富饱满，但不能过分追求形式和美观，以免显得华而不实。

5. 食用

冷拼菜肴一般是凉后食用，食用不受时间限制，便于携带，可以作为柜台、橱窗的陈列品。食用冷拼时，对卫生的要求极为严格，安全卫生是冷拼的基本要求。

三、食品雕刻的起源与发展

食品雕刻具有悠久的历史，是在饮食文化漫长发展的历史长河中逐渐形成和发展完善的。它的起源可以追溯到春秋战国时期，春秋时期的《管子》一书就提到“雕卵”，即在蛋上刻画花纹来美化食品。就目前的史料来看，它应该是我国最早的食品雕刻记录。

从隋唐时代的史籍中不难发现，当时的食品雕刻已相当流行，如韦巨源的《烧尾宴食单》中有一味“玉露团”，食单上注明是雕酥，实际上就是在酥酪、脂油上进行雕刻。另外，当时的宴席已开始采用食品雕刻作为装饰，如取各种时令瓜果雕刻为盘案或花鸟等。

宋朝的食品雕刻已成为当时宴席上的时髦之作，形成一种风尚，从多部史籍中可以见到当时食品雕刻的影子。据《东京梦华录》记载，当时汴梁每年一到“七夕”，人们就要将“瓜雕刻成花样，谓之花瓜。又以油面糖蜜造为笑靥儿，谓之果食。花样奇巧百端”。

元朝周密《武林旧事》中记载，当时的御宴中有“雕花梅球儿”“雕花笋”“雕花金桔”“雕花姜”“雕木瓜方花儿”等，在雕刻造型中，既有花叶等植物造型，也有鱼儿等动物造型，这些都反映了当时我国食品雕刻技术的发展水平又上了一个新的台阶。

明清时代，食品雕刻技艺也不断得到充实和提高。李斗的《扬州画舫录》中关于西瓜灯的记载，表明食品雕刻已采用凹凸雕、镂空雕等多种技法，能将萝卜、土豆、南瓜、西瓜等果蔬，雕刻出花、鸟、鱼、虫、兽、山、水、人物等各种形象，说明在明清时代，食品雕刻技术已达到了非常高超的水平。

今天，随着人民生活水平的提高、饮食行业知识结构的优化和企业从业人员素质的提高，食品雕刻取材越来越广泛，其运用范围也在不断扩大。广大烹饪工作者在继承我国传统工艺的基础上，不断探索与创新，使食品雕刻技术有了新的发展，表现手法更加细腻逼真，设计制作更加精巧，作品艺术性更高。

四、食品雕刻的特点

1. 构思新颖别致，雕刻的成品形象适应饮食习俗，生气勃勃，极富生活情趣和时代气息。一般都是从正面去表现，给人留下欢快、赏心悦目的印象，从而达到装饰宴席、美化菜肴的目的。

2. 食品雕刻所使用的原料大都是可食的，食物中的水分含量大，难以长期保存。

3. 展示时间短，只能一次性使用，不能长期保存和重复利用，必须现做现用，这与一般的绘画、雕刻艺术不同，所以也有人称它为瞬间艺术。

4. 艺术性强。食品雕刻最主要的目的是装饰宴席、美化菜肴，所以雕刻作品应该造型优美，形象生动，刀法准确，色调明快，具有较强的视觉冲击力，使就餐者在品尝美味时在视觉上、情感上得到美的享受。

5. 技术性强。由于原料水分较大，质地脆嫩，所以要求雕刻者刀法娴熟，技艺精湛，操作迅速快捷。

6. 刀具特殊。食品雕刻使用的刀具与一般的冷热菜加工的工具有很大的区别，这些刀具在式样、规格上并无统一规定，一般都是自行设计制作，具有轻薄锋利、小巧灵便的特点，以使用方便为原则。

7. 某些作品不仅可供欣赏，而且可以食用，如熟鸡蛋刻成花篮，既是美观漂亮的

艺术品，又是一道不可多得的美食。

五、冷拼和食品雕刻的意义

冷拼和食品雕刻是中国烹饪的重要组成部分，是烹饪技术和造型艺术的结合，在国内外享有很高的声誉。

冷拼通常是与就餐者接触的第一道菜，被人们称为“迎宾第一菜”。冷拼的好坏直接影响就餐者的情绪和食欲。一些普通的冷拼原料，经过厨师的精心构思和细致操作，可以拼摆成色彩绚丽、形态美观、滋味鲜美的冷拼作品。它能使就餐者在赏心悦目的同时食欲大开。食品雕刻是在追求烹饪造型艺术的基础上发展起来的一种点缀、装饰和美化菜品的应用技术，被誉为“厨艺杰作，艺术珍品”。在菜点中应用食品雕刻能增加菜肴的外观美，特别是用雕刻食材做的盛器，不仅具有保温、卫生等实用功能，还有烘托主题、装饰菜肴、表现情趣等作用。在宴会中，冷拼和食品雕刻还常常用于烘托气氛，体现宴会主题思想，增进宾主之间的友谊，如以五彩缤纷的“迎宾花篮”冷拼作品表示对宾客的热烈欢迎，以寿星、仙鹤、松柏、寿桃等雕刻作品烘托寿宴的气氛。

第一章
冷　　拼

学习目标

1. 了解冷拼的种类
2. 掌握冷拼的原则
3. 掌握冷拼的拼摆步骤
4. 掌握冷拼造型的常用方法
5. 掌握常见冷拼的制作方法

冷拼制作既是一门技术，也是一种艺术，它是冷菜的深加工，注重创新，常通过一定的形象表现作者意图，以可口的味道和优美的造型取悦于人。冷拼一般分为非花色冷拼和花色冷拼两大类，拼摆过程要遵循相应的步骤。冷拼作品的质量取决于刀工技术的好坏和拼摆技巧的熟练程度，初学者需要通过大量的练习才能很好地掌握冷拼技术。

第一节　冷拼的种类

冷拼的种类按拼摆技术要求、工艺难易繁简可分为非花色冷拼和花色冷拼两大类。

一、非花色冷拼

非花色冷拼按原料品种数目分为一般冷拼和什锦冷拼。

1. 一般冷拼

冷拼原料在三种或三种以下，经过一定的加工，运用简单的形式拼摆入盘的冷拼称为一般冷拼。一般冷拼是最基本的冷拼类型，从内容到形式比较容易掌握，是冷拼技艺的基本功。一般冷拼根据所用品种的数量又分为单拼、双拼和三拼等类型。

（1）单拼

单拼又称单盘、独碟，就是以一种可食性的冷菜为主拼摆出的冷拼，其要求是整齐美观、堆摆得体、量少而精。单拼常见的装盘形状有自然形、馒头形、长方形、菱形、桥形、花朵形、塔形等。

水晶南瓜糕

兰花莴笋

酱肉卷

高桩冷拼

桥形冷拼

宝塔冷拼

（2）双拼

双拼又称对拼、两拼，是把两种不同的冷拼原料拼摆在一个盘内，原料一般是两种色泽，要求做到色彩分明、装盘整齐、线条清晰，给人一种整体美。双拼常见的装盘形状有馒头形、花朵形等。

荤素拼

菊花鸳鸯卷

藕扎拼山药

猪肘变蛋

色拉水果

西芹拌海螺

（3）三拼

三拼是把三种不同的冷拼原料拼摆在一个盘内，其技术难度比双拼高一些。三拼常见的装盘形状有馒头形、菱形、桥形、花朵形等。

2. 什锦冷拼

什锦冷拼就是将多种不同的冷拼原料通过荤素合理搭配，并根据盛器的造型特点进行适当的加工，整齐地拼摆在一个盘内。这种冷拼讲究拼摆技巧，要求外形整齐、刀工精细、色彩协调、口味多变、图案悦目。什锦冷拼常见的装盘形状有几何图形、花朵形等。

馒头形三拼

什锦冷拼

二、花色冷拼

花色冷拼又称象形冷拼、艺术冷拼。这种冷拼是根据一定的主题精心构思后，采用多种不同的冷拼原料合理搭配，运用不同的刀法和拼摆技法，在盛器内拼摆成一定的象形图案，其装盘形式有平面式、卧式、立体式等。花色冷拼以它优美的造型取悦于人，其特点是艺术性强、难度大，图案色彩艳丽，形态逼真，不仅给人以色、形、美的享受，而且味美可口。花色冷拼在宴席上应用广泛，一般不单上，常与单拼或其他冷拼同上。

花色冷拼

第二节　冷拼的原则和拼摆步骤

一、冷拼的原则

1. 食用和审美相结合

食用和审美相结合是冷拼的首要原则。冷菜拼摆的目的是为了让人们更好地食用，使人们在食用过程中获得精神享受，所以不管拼摆制作什么样的冷菜首先都应以食用为前提，同时兼顾色、香、味、形的合理组合，避免拼摆一些华而不实的冷拼。

2. 形状美观

一桌酒席中一般都有几道冷拼（围碟），拼摆时不能千篇一律，否则会单调呆板。必须运用多种刀法和手法，拼摆成多种花样、图案的冷拼。

冷拼的形状应以使人赏心悦目为原则，要根据宾客的国籍、所在地区、年龄、宗教信仰、饮食习惯、喜好和禁忌等，有针对性地运用冷拼图案，切忌使用国家禁止的有关图案。

拼摆时应注意硬面和软面的结合，硬面是指用质地较为坚实，经过刀工处理后具有特定形状的原料排列而成的整齐而具有节奏感的表面，软面是指用不能整齐排列的、比较细小的原料堆砌起来所形成的不规则的表面。在各种冷拼中硬软面应结合使用，以达到互相衬托的作用。硬面与软面在组合中要注意衔接得当，接口处整齐，不留空缺。

3. 刀工精细

冷拼是否美观，取决于刀工精细与否。刀工精细的标准是指要根据冷拼的不同性质、不同造型，正确运用不同的刀法，切制的各种原料形状应长短、粗细、厚薄均匀，

做到整齐划一、干净利落，切忌有连刀现象。

4. 色彩搭配合理美观

冷拼拼摆时要尽量利用原料的自然色彩，不用或少用人造色素。色彩配比上要对比统一、和谐匀称，给人以素雅、明快之感，不宜太花哨。不同原料色彩间的搭配和衬托，要根据冷拼作品的要求，运用色相对比、明暗对比、冷暖对比、补色对比等，合理搭配出大方、和谐、悦目的效果。

5. 营养、安全、卫生

随着生活水平的提高，人们对饮食营养成分的需求将会更趋于科学化、系统化、合理化。因此，在拼摆制作时，要根据不同对象的年龄、性别、工作、身体状况等，合理设计出有不同营养成分的冷菜。设计时应注意荤素间的搭配，以及各种原料之间营养成分的搭配。在拼装组合过程中要注意原料卫生、个人卫生和工作环境卫生，避免在拼摆过程中产生食品污染问题。冷菜拼摆应随拼随食，拼摆时间要尽量缩短，尽量减少原料与手直接接触的机会，以免菜品受到污染。禁止使用非食品原料，原料要新鲜，且生食原料不能与熟食菜品混摆，以免引起食物中毒。盛器要消毒，冷拼成品上桌前最好使用保鲜膜密封。

6. 构思新颖、勇于创新

构思新颖、勇于创新是指要在继承传统冷拼的基础上，不断变革创新，与时俱进，大胆开拓冷拼构思新思路，创新拼摆出符合饮食卫生要求，满足现代人饮食需求的冷拼菜肴。

7. 节约原料

在拼摆过程中要合理用料，在保证质量的前提下，尽量减少不必要的浪费，做到大料大用，小料小用，碎料充分利用，对哪些原料用来垫底、哪些原料用来盖面等都要心中有数，做到物尽其用。

二、冷拼的拼摆步骤

1. 一般冷拼的拼摆步骤

一般冷拼的拼摆可分为垫底、围边、盖面、点缀四个步骤。

（1）垫底

一般冷拼的形状比较简洁、明快，拼摆时把一些边角料或较次的原料垫在盘底。垫底时先堆大形，为盖面拼摆打下基础。边角料不宜切得过小过碎，否则会影响菜肴的食用。另外，边角料不宜过整或过于厚大，否则会影响菜肴造型。边角料改刀形状以薄片为好。

（2）围边

围边也称群边、码边、盖边，是把经过刀工处理后较为整齐的片、条、块等形状的原料拼装在垫底碎料边沿，并把它围住，使人看不到碎料。围边要求根据拼盘的角度施用不同的刀法，体现整齐、匀称、平展的效果，使其或独立或组合而形成一个完整的表面。围边时，片与片、条与条之间的距离要均匀，否则会直接影响下一步盖面的线条。围边在拼摆过程中起到承上启下的作用。

（3）盖面

盖面也叫装面、封顶、装刀面，是将原料最好的部分切成整齐均匀的片、条、块等形状相叠后，用刀铲起，托着盖在垫底的碎料上面，并压住围边原料的一端，封严码边料的刀茬，使其浑然一体、整齐美观。

（4）点缀

点缀是在前面几个步骤结束后，根据冷拼的特点，在其适当部分放置一些可食的装饰菜品，进行适当美化，对整个拼盘起到烘托和渲染的作用。

2. 花色冷拼的拼摆步骤

花色冷拼的拼摆步骤比一般冷拼要复杂得多，一般冷拼注重实用价值，讲究整齐美观，而花色冷拼不但讲究实用价值，而且要追求艺术审美效果，满足人们物质和精神上的享受。其制作步骤有构思、命题、选料、垫底、盖面、点缀等。

（1）构思

构思是对宴席的全部情况进行详尽的分析，明确主题，选定题材、内容和表现手法。要根据宴席的内容、规模和标准，宴席的季节性，就餐时间长短，就餐环境，就餐宾客的身份、饮食习惯和审美标准，以及厨房的技术力量进行构思，并为冷拼制作设计出效果图。

（2）命题

命题即根据构思形成的图案为冷拼命名。在命名时要紧扣主题，注意名称和实际相符合，突出宴席所需的气氛，力求雅俗共赏。

（3）选料

选料即根据构思及命题确定的主题图案选择冷菜。在选择过程中要合理搭配图案各部位的色彩质地，依照色彩质地、刀工成型的标准，确定冷菜品种，要协调各部位的冷菜口味，选择大小及式样合适的盛器，使整个冷拼组合完整、合理。

（4）垫底

垫底即按所设计的图案把选好的原料进行适当的刀工处理，在盘内拼摆雏形的过程，是花色冷拼拼摆步骤的关键，相当于勾画拼摆粗线条阶段，直接影响整个冷拼的拼摆效果。垫底原料一般选择可塑性较强的细小质软的冷菜，拼摆时应注重雏形轮廓

的准确度与平整度。

（5）盖面

盖面是根据垫底雏形把不同颜色的原料加工成型，按照图案形象的要求分部位拼摆成一个整体。它是一个组装成型的过程，既可以先在菜墩上按部位顺序排列好，再码在盘内的轮廓上，也可以把加工好的原料拼贴在盘内的轮廓上。拼摆的一般顺序是：先拼底后拼面，先拼尾后拼头，先拼外围后拼中间，先拼主体后拼空间，先拼下部后拼上部。

（6）点缀

点缀是为了突出整个冷拼的完整效果，弥补冷拼因强调美观性而造成的在食用性上的欠缺，从而达到造型与可食性俱佳的效果。点缀品一般以色彩鲜明的蔬菜、小型雕刻的瓜果和熟食为主。操作时注意事项如下：

1）若盘面上作品刀工整齐、形态美观，点缀品宜放在盘边；若盘面上作品刀工并不整齐、美观，点缀品宜放在上面以弥补不足。

2）对色泽比较暗淡、不够醒目的冷拼，上面或中间可以放点缀品；对色彩鲜艳的冷拼，可用对比强烈的原料来点缀，宜放在盘边。

3）点缀品的大小、形状要与冷拼的式样统一协调。

4）点缀品要少而精，不可滥用，切忌画蛇添足或喧宾夺主，一定要突出主体。

5）装入盘内的点缀品若为可食性的生料，要严格消毒，防止食品污染。

第三节 冷拼造型的方法和实例

一、冷拼造型的常用方法

冷拼造型的方法，即拼摆的技术，可分为堆、排、叠、围、贴、覆六种。

1. 堆

堆是指把冷菜堆放在盘的中间。堆的原料大多是拌制冷菜及细丝、小片、小粒等小型原料，作品如“拌莴苣”“拌萝卜丝”“拌鸭肫”“油爆虾”等。用堆的手法可堆出三角形、圆锥形、菱形等简单图案，也可以用桃仁等堆成惟妙惟肖的假山等复杂图案。堆的手法具有随意简单的特点。

拌肚丝

盐水虾

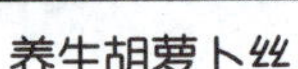

养生胡萝卜丝

色拉冰菜

2. 排

排是指把经刀工处理后的冷菜原料成行地摆在盘中。排的原料大都加工成较厚的长方块或椭圆块，作品如“水晶肴肉”“酱牛肉”“叉烧猪肉”等。拼摆时根据盛器及冷菜形状的不同，又有各种不同的排法，有的适宜排锯齿形，如拼摆火腿；有的适宜排椭圆形，如“油爆虾”去头壳对镶成椭圆形；有的适宜配色间隔排，如拼摆“金钱鸭卷”等。排的手法具有变化多样的特点。

凉拌羊口条

水晶肴肉

酱牛肉

3. 叠

叠是指把冷菜切成片后整齐地叠成各种形状，一般以叠片为主。叠的原料以韧性、硬性、脆性、无骨的居多，作品如“五香牛肉”“盐水鸭”“油焖冬笋”等。叠是一种比较精细的操作，往往与刀工同时进行，随切随叠。切好后铲起，装在垫底、围边的面上，或是切成长片、半圆片，折叠成花朵形、叶片形或梯形等。叠的手法具有整齐美观的特点。

罗汉肚

紫菜鸡卷

4. 围

围是指把切好的冷菜按色泽在盘中排列成环形，层层围绕，组成各种图案。围的原料没有限制，但要求同类原料不能同盘，有汁液的原料不能与松类原料同盘。围除了用于艺术拼盘外，也常用于单盘或什锦拼盘。围的手法有多种：在已排好的主料四周，另围一圈不同颜色的配料来衬托，称为“围边”，如在“白切鸡”的四周围一圈红肠；将主料排围成花朵形，在中间再点缀一点配料成花心，称为“排围”，如将松花蛋切成象牙块在盘中围成花朵，中间放姜末、黄瓜等。另外，有些冷拼因外沿不整齐或色泽单调，可用红椒丝、黄蛋松、绿菜松围边，加以补救。围的手法具有可烘托主料的特点。

豉香青椒

拌肘花

5. 贴

贴也称为摆，是指把切成各种形态的冷菜在盘中拼摆成山水、花卉、飞禽、走兽等图案。贴的原料多是黄瓜、胡萝卜、火腿、香菇等。采用贴的手法必须具有一定的艺术修养和熟练的刀工技巧，经过反复的实践摸索后才能贴出形态优美、栩栩如生的冷拼造型。贴的手法具有精巧细腻的特点。

什锦拼盘

6. 覆

覆也称为扣，是指把冷菜熟料切成片、丝、块，整齐地放入碗中并加适量卤汁，上桌前翻扣在盘内。覆的原料一般为无骨无皮的鲜嫩原料。覆的方法有两种：一种是将普通原料的冷菜垫底，上面再覆盖一层高品质原料的冷菜，如用黄瓜丝垫底，再用鸡丝盖面，以达到突出主料的目的；另一种是将冷菜装在碗内加卤汁冻制，临上桌时将已冻好的成品翻扣在盘中，如“水晶冻鸡”等。覆的手法具有造型美观的特点。

香椿拌豆腐

辣白菜卷

胡萝卜松

二、一般冷拼实例

1. 单拼

原料：糖醋胡萝卜。

器皿：十寸圆盘。

制作方法：

（1）将糖醋胡萝卜分别切成长 6 厘米的柳叶形状。

（2）将原料的边角料切成末，垫底成馒头状。

切柳叶形状

边角料垫底成馒头状

（3）将糖醋胡萝卜切成长 6 厘米、宽 2 厘米、厚 0.2 厘米的长形片，码在盘内第一层，成为圆形状。

（4）将糖醋胡萝卜切成长 4 厘米、宽 2 厘米、厚 0.2 厘米的长形片，码在盘内第二层，成为圆形状即成。

第一层圆形状

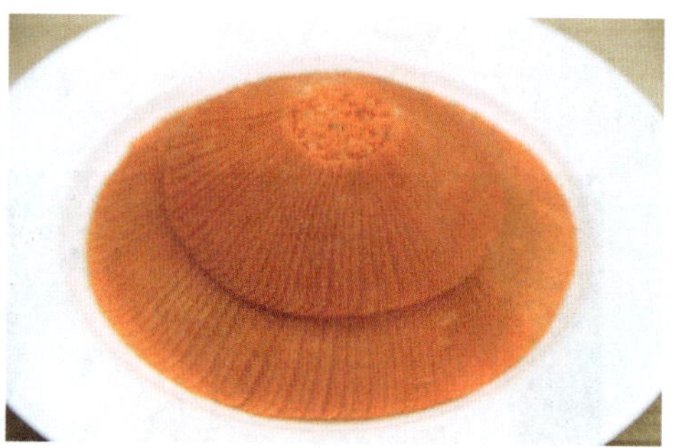

第二层圆形状

特点：刀工精细，长短一致，厚薄均匀，形态饱满。

2. 双拼

原料：西式火腿、糖醋胡萝卜。

器皿：十寸圆盘。

制作方法：

（1）分别将西式火腿、糖醋胡萝卜切成长 6 厘米的柳叶形状。

（2）将原料的边角料切成末，分成两份，垫底成馒头状，中间留有 2 厘米的缝隙。

（3）分别将西式火腿、糖醋胡萝卜切成长 6 厘米、宽 2 厘米、厚 0.2 厘米的长方片，码在盘内第一层，成为圆形状。

（4）分别将西式火腿、糖醋胡萝卜切成长 4 厘米、宽 2 厘米、厚 0.2 厘米的长方片，码在盘内第二层，成为圆形状即成。

切成长 6 厘米的柳叶形状

边角料垫底成馒头状

西式火腿码在盘内第一层

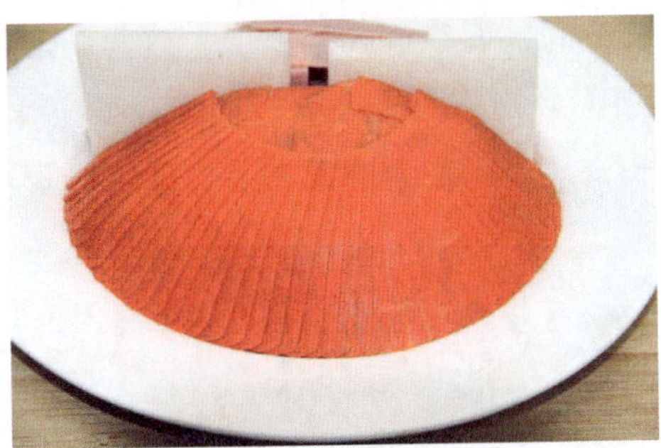
糖醋胡萝卜码在盘内第一层

西式火腿、糖醋胡萝卜码在盘内第二层

特点：刀工精细，长短一致，厚薄均匀，形态饱满。

3. 三拼

原料：西式火腿、糖醋胡萝卜、白萝卜。

器皿：十寸圆盘。

制作方法：

（1）分别将西式火腿、糖醋胡萝卜、白萝卜切成长 6 厘米的柳叶形状。

（2）将原料的边角料切成末，分成三份，垫底成馒头状，中间各留有 2 厘米的缝隙。

原料切成长 6 厘米的柳叶形状

原料垫底

（3）分别将西式火腿、糖醋胡萝卜、白萝卜切成长 6 厘米、宽 2 厘米、厚 0.2 厘米的长方片，码在盘内第一层，成为圆形状。

（4）分别将西式火腿、糖醋胡萝卜、白萝卜切成长 4 厘米、宽 2 厘米、厚 0.2 厘米的长方片，码在盘内第二层，成为圆形状即成。

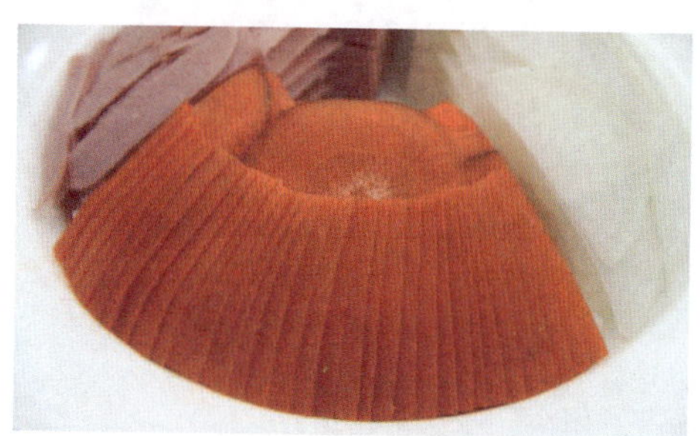
原料码第一层

原料码第二层

技术关键：刀工精细，长短一致，厚薄均匀，形态饱满。

4. 马鞍桥冷拼

原料：牛肉。

器皿：十寸长盘。

制作方法：

（1）将原料切成长 7 厘米、宽 2 厘米、厚 0.2 厘米的长方片。边角料切成薄片垫在盘子中间，码成馒头状。

切长方片

边角料码成馒头状

（2）将长方片排叠成三排，其中两排为扇形，盖在底料的左右两侧，一排为长方形，盖在底料的上方即成。

左右两侧排叠成扇形

马鞍桥冷拼

特点：外形饱满整齐，线条流畅自然。

5. 菊花盘冷拼

原料：牛肉。

器皿：十寸圆盘。

制作方法：

（1）将原料切成长 6 厘米、厚 0.2 厘米的柳叶形片。边角料切成薄片垫在盘中，码成馒头状。

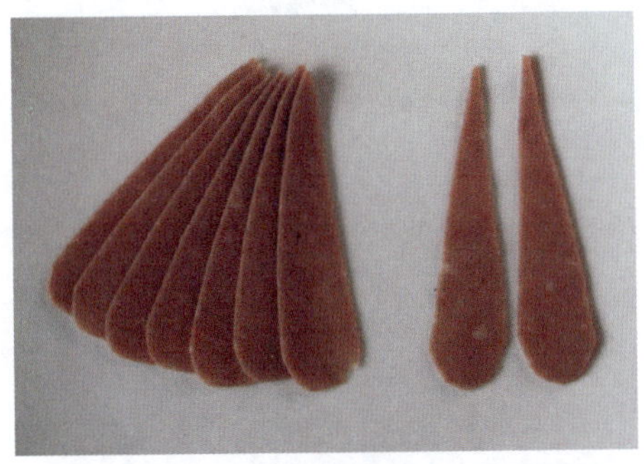
切柳叶形片

边角料码成馒头状

菊花盘冷拼

（2）将柳叶形片整齐地围在底料四周，成为花朵状。另取亮色原料切成小粒，点缀出花心即成。

特点：外形饱满整齐，线条流畅自然。

操作要领：边角料应切得薄而均匀，便于成形。柳叶形片应切得长短一致，厚薄均匀。摆放时片与片的间距要相等。

6. 花朵形冷拼

原料：蟹肉。

器皿：十寸圆盘。

制作方法：蟹肉切成小菱形块状，将菱形块在盘内层叠交错码成花朵形即成。

特点：造型美观，形状一致。

花朵形冷拼

三、什锦冷拼实例

1. 圆形什锦冷拼

原料：麻辣萝卜丝、紫菜卷、鸳鸯卷、炝西蓝花、酱猪肝、糖醋胡萝卜、盐水火腿、姜汁莴笋、泡椒心里美萝卜、醉冬笋。

器皿：十寸圆盘。

制作方法：

（1）将麻辣萝卜丝放入盘中，码放成环形，中间稍微厚一些，边缘薄一些。

（2）将酱猪肝、糖醋胡萝卜、盐水火腿、姜汁莴笋、泡椒心里美萝卜、醉冬笋 6 种原料分别加工成长 8 厘米、宽 1.5 厘米、厚 0.2 厘米的长方片，搭配颜色码放成大小均匀的扇形。

萝卜丝垫底，铺上长方片

（3）将紫菜卷切成厚 0.2 厘米的片码放在环形的刀口处，之后将炝西蓝花码放其上，最后将鸳鸯卷切成厚 0.2 厘米的片码放在环形的最外端即可。

（4）整理整个作品。

码成环形

圆形什锦冷拼

特点：原料丰富，色彩绚丽，刀工精细，形状美观。

2. 朵形什锦冷拼

原料：麻辣萝卜丝、盐水虾、炝西蓝花、酱牛肉、糖醋胡萝卜、盐水火腿、姜汁莴笋、泡椒心里美萝卜、醉冬笋。

器皿：十寸圆盘。

制作方法：

（1）将麻辣萝卜丝放入盘中，码放成 6 个水滴形结构，整体的垫底原料要薄厚均匀一致。

（2）将酱牛肉、糖醋胡萝卜、盐水火腿、姜汁莴笋、泡椒心里美萝卜、醉冬笋分别切成长 6 厘米、一端宽 2 厘米、一端宽 1.5 厘米、厚 0.2 厘米的片。

（3）原料按一层比一层多一片的数量递增式码放，共码放 6 ~ 7 层。码放成花瓣的造型，冷色与暖色相隔码放。

（4）将盐水虾和炝西蓝花码放在拼盘的最上面。

（5）整理整个作品。

朵形什锦冷拼

四、花色冷拼实例

1. 蝴蝶冷拼

原料：香肠、黄蛋糕、白蛋糕、盐水虾、牛肉、黄瓜、火腿肠、土豆泥等。

器皿：大长方盘。

制作方法：

（1）将香肠、黄蛋糕、白蛋糕、黄瓜、火腿肠分别切成长 3 ~ 5 厘米、厚 0.2 厘米的凤尾片和椭圆片。土豆泥或边角料切成细丝垫在盘中，码成蝴蝶状。

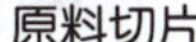
原料切片

码底料

（2）将片状原料按设计的形状和色彩，在底料上从外侧向内分层次摆出蝴蝶的大、小翅膀。另取原料切成细丝摆出蝴蝶的身体和长须，拼成完整的蝴蝶形态。

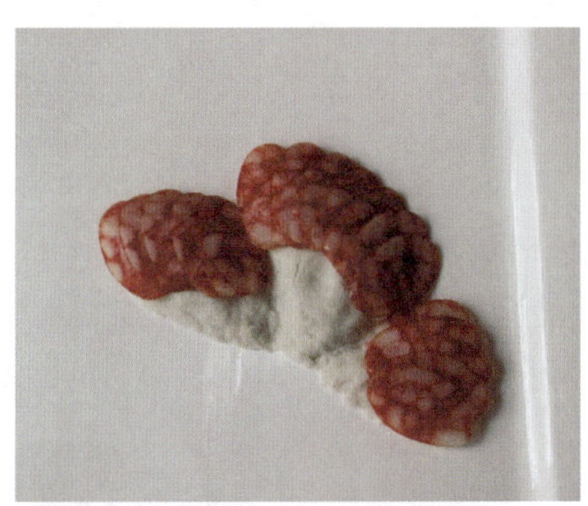

拼摆成蝴蝶形态

（3）将牛肉等原料切片和盐水虾摆成山石形，最后点缀上花卉即成。

特点：造型逼真，色彩绚丽，刀工精细，拼摆整齐。

操作要领：垫底料时要将蝴蝶的形状确定。拼摆时应注意左右对称，并掌握好色彩的对比。

拼摆成山石形，完成作品

2. 报春冷拼

原料：红肠、西式火腿、白萝卜、黄蛋糕、青萝卜、心里美萝卜、酸辣黄瓜、白蛋糕、糖醋胡萝卜、萝卜卷、西篮花、土豆泥。

器皿：大长方盘。

制作方法：

（1）将土豆泥垫底，摆成两个竹笋的初坯形状。

（2）将青萝卜、心里美萝卜、黄蛋糕、糖醋胡萝卜、白蛋糕分别切成长柳叶片，然后拼摆成竹笋的外形。

土豆泥摆成两个竹笋的初坯形状

拼摆成竹笋的外形

（3）将青萝卜雕刻成竹子形状点缀。

（4）将红肠、西式火腿、白萝卜、黄蛋糕、酸辣黄瓜、白蛋糕、糖醋胡萝卜、萝卜卷切成片，拼摆成山石形，再用西蓝花、心里美萝卜点缀即成。

青萝卜雕刻成竹子形状点缀

报春冷拼

特点：原料丰富，色彩美观，刀工精细，造型逼真。

3. 迎客松冷拼

原料：卤香菇、西式火腿、熏肠、红肠、黄蛋糕、黄瓜、青萝卜、莴笋、胡萝卜、荷兰芹。

器皿：大长方盘。

制作方法：

（1）将卤香菇改刀，码成松树的初坯形状。

（2）先将青萝卜切成片，再切成松叶形状，镶嵌在松树的初坯上。

卤香菇码成松树的初坯形状

青萝卜切成松叶形状镶嵌在松树上

（3）将西式火腿、熏肠、红肠、黄蛋糕、黄瓜、青萝卜、莴笋、胡萝卜切成片，拼摆成山石形，再用荷兰芹点缀即成。

迎客松冷拼

特点：造型简练，立体感强。

4. 迎宾花篮冷拼

原料：红肠、西式火腿、捆蹄、白萝卜、心里美萝卜、酸辣黄瓜、白蛋糕、糖醋胡萝卜、巧克力糕、土豆泥、蒜薹。

器皿：大长方盘。

制作方法：

（1）将蒜薹做成花篮柄手，土豆泥做成花篮外形初坯。

蒜薹做成花篮柄手

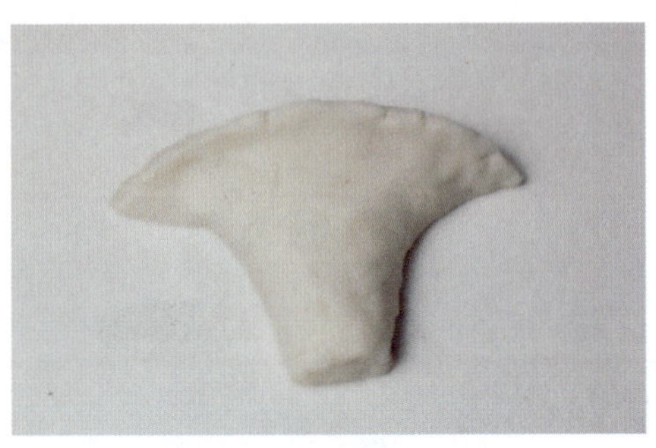

土豆泥做成花篮外形初坯

（2）将巧克力糕切成条，编织成花篮的外形并镶嵌上。

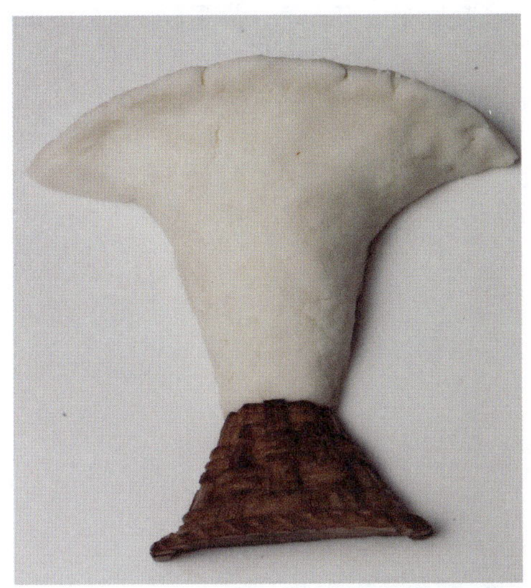

巧克力糕编织成花篮的外形

（3）将心里美萝卜、糖醋胡萝卜切成片，拼摆成两朵不同颜色的花卉镶嵌在花篮上，然后再用白蛋糕切成小片，拼成小花点缀，酸辣黄瓜刻成花叶镶嵌。

（4）再将红肠、西式火腿、捆蹄、白萝卜、酸辣黄瓜、巧克力糕切成片，拼摆成山石形即成。

拼成花朵点缀

迎宾花篮冷拼

特点：选料丰富，构思巧妙，造型精美。

5. 灯笼冷拼

原料：红肠、熏肠、捆蹄、西式火腿、松花蛋糕、莴笋、黄蛋糕、心里美萝卜、糖醋胡萝卜、土豆泥。

器皿：十八寸圆盘。

制作方法：

（1）将土豆泥垫底，分别码成两个灯笼的初坯形状。

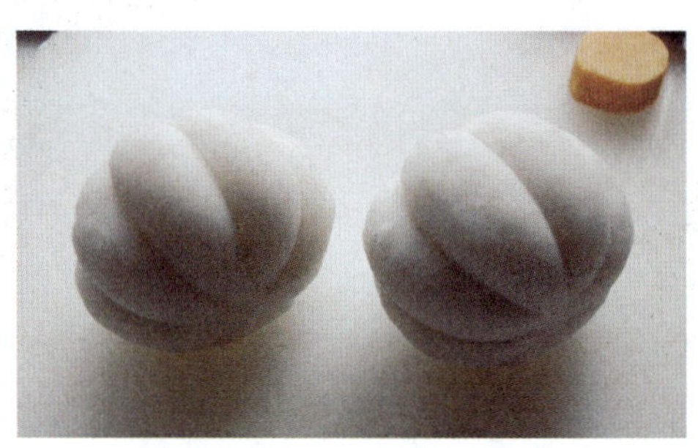

土豆泥码成两个灯笼的初坯形状

（2）用糖醋胡萝卜雕刻出灯笼上下托。

糖醋胡萝卜雕刻出灯笼上下托

（3）将心里美萝卜切成薄片，拼摆在灯笼的初坯上面。

（4）将糖醋胡萝卜切成连刀细丝，码在灯笼的底部作为灯笼穗，然后用糖醋胡萝卜雕刻出“喜”字，镶嵌在灯笼上面。

心里美萝卜拼摆在灯笼的初坯上面

糖醋胡萝卜制作灯笼穗与“喜”字

（5）将红肠、熏肠、捆蹄、西式火腿、松花蛋糕、莴笋、黄蛋糕切成片，拼摆成山石形，再用心里美萝卜点缀即成。

灯笼冷拼

特点：造型美观，色彩鲜艳，喜庆吉祥。

6. 雄鹰冷拼

原料：牛肉、猪肝、香肠、火腿、千层脆、黄蛋糕、白蛋糕、酱胡萝卜、黄瓜、西蓝花、土豆泥等。

器皿：十八寸圆盘。

制作方法：

（1）将牛肉、猪肝、黄蛋糕等切成大小不同的柳叶片和长椭圆片，其他原料切成凤尾片。土豆泥或边角料切成细丝垫底成鹰身。

原料切片

码底料

（2）将猪肝切成长柳叶片，摆出鹰右侧翅膀的大翅羽；将香肠和黄蛋糕切成短柳叶片，摆出鹰右侧翅膀的小翅羽。

拼摆出鹰右侧翅膀的大翅羽

拼摆出鹰右侧翅膀的小翅羽

（3）用上述方法再拼摆出鹰左侧翅膀的大翅羽和小翅羽。

拼摆出鹰左侧翅膀的大翅羽

拼摆出鹰左侧翅膀的小翅羽

（4）将千层脆和猪肝切成短柳叶片，拼摆出鹰腿及尾部羽毛；将白蛋糕、火腿切成小柳叶片，拼摆出鹰的身体及颈部羽毛。

拼摆出鹰腿及尾部羽毛

拼摆出鹰的身体及颈部羽毛

（5）用黄蛋糕刻出鹰嘴和鹰爪，摆放到位并点缀上眼睛。用千层脆、香肠、酱胡萝卜、黄蛋糕、黄瓜、西蓝花等原料拼摆出山石形即成。

拼摆出山石形，完成作品

特点：形象威猛，寓意坚毅、勇敢。

操作要领：刀功要精细准确。拼摆时要形神兼顾。

7. 扇面冷拼

原料：火腿肠、盐水黄瓜、卤冬菇、红樱桃、蛋松、如意蛋卷、葱油海蜇、紫菜蛋卷、盐水虾、红泡椒、酸辣黄瓜皮、葱叶、蛋皮丝、油焖冬笋。

扇面冷拼

器皿：十八寸圆盘。

制作方法：

（1）将火腿肠、盐水黄瓜切成长方片，分上下拼摆成扇面，卤冬菇拼摆成梅枝干，红樱桃拼摆成梅花，蛋松点缀为花蕊。

（2）将如意蛋卷、葱油海蜇分别切片，拼摆成扇子的花边。

（3）将油焖冬笋拼摆成扇把，盐水黄瓜、红樱桃、红泡椒作为点缀。

（4）将酸辣黄瓜皮、葱叶、蛋皮丝拼摆成扇穗。

（5）将紫菜蛋卷、盐水虾、葱油海蜇拼摆成四朵花，再将酸辣黄瓜皮拼摆成叶子点缀即成。

特点：构图简洁，造型美观。

8. 蝶恋花冷拼

原料：蛋松、西式火腿、葱油海蜇、琼脂糕、黄蛋糕、红樱桃、卤海参。

器皿：十八寸圆盘。

制作方法：

（1）垫底：用蛋松垫底，拼摆成蝴蝶雏形。

（2）制作翅膀：分别把西式火腿、葱油海蜇、琼脂糕、黄蛋糕切成片，拼摆成蝴蝶的四个翅膀。

（3）制作身躯：将卤海参斜刀片成片，拼摆成蝶身。

（4）陪衬：将红樱桃拼摆成眼睛点缀，再将葱油海蜇、西式火腿拼摆成花朵形。

特点：造型逼真，寓意深长。

蝶恋花冷拼

9. 侧飞蝴蝶冷拼

原料：拌鸭丝、盐水虾、紫菜蛋卷、黑椒牛肉、卤鸭胗、香肠、蛋卷、葱油海蜇、黄瓜、萝卜卷、白蛋糕、拌苦瓜、盐水黄瓜、鹌鹑蛋、红樱桃、糖醋胡萝卜、卤香菇、糖醋黄瓜、香菜叶、胡萝卜。

器皿：大长方盘。

制作方法：

（1）将拌鸭丝垫底，码成蝴蝶雏形。

（2）将糖醋胡萝卜、白蛋糕、盐水黄瓜切片，分三层拼摆成两只翅膀；另两只小翅膀用蛋卷、白蛋糕、卤香菇切片拼摆成。用盐水黄瓜、鹌鹑蛋、红樱桃进行点缀。

（3）将白蛋糕、卤香菇切片拼摆成蝴蝶身躯，卤香菇、盐水黄瓜切丝拼摆成爪、须，白蛋糕、胡萝卜镶嵌做眼睛。

（4）将盐水虾、紫菜蛋卷、黑椒牛肉、卤鸭胗、香肠、蛋卷、葱油海蜇、黄瓜、萝卜卷、白蛋糕、拌苦瓜、盐水黄瓜、鹌鹑蛋、红樱桃、糖醋胡萝卜、卤香菇、糖醋黄瓜、香菜叶拼摆成山石形即可。

特点：造型讲究，色彩美观，生动活泼。

侧飞蝴蝶冷拼

10. 孔雀冷拼

原料：红油鸡丝、糖醋青萝卜、葱油西芹、黄蛋糕、紫菜蛋卷、拌海蜇、酱猪耳、酿墨鱼、卤牛肉、西式火腿、心里美萝卜、青萝卜、鸡蛋松、花椒粒。

器皿：大长方盘。

制作方法：

（1）用红油鸡丝垫底，将糖醋青萝卜、葱油西芹、紫菜蛋卷切成片，拼摆成孔雀尾羽。

（2）将糖醋青萝卜、西式火腿、拌海蜇切片，拼摆成孔雀胸腹和背部。

（3）将糖醋青萝卜、西式火腿、拌海蜇切成羽翎形片，分三层拼摆成孔雀翅膀，用黄蛋糕刻成羽翎点缀。

（4）将青萝卜切成孔雀头颈状，花椒粒镶嵌为眼睛。

（5）将葱油西芹、拌海蜇、酱猪耳、酿墨鱼、卤牛肉、西式火腿、心里美萝卜、青萝卜切成片，拼摆成山石形，用鸡蛋松点缀即成。

特点：华贵典雅，色彩绚丽。

孔雀冷拼

11. 锦鸡冷拼

原料：蛋松、红曲鸭脯、双色蛋卷、松花蛋糕、黄蛋糕、白蛋糕、酸辣黄瓜、盐水胡萝卜、糖醋红心萝卜、盐水鲜青椒、卤冬菇、盐水虾。

器皿：大长方盘。

制作方法：

（1）将蛋松堆码成锦鸡的雏形。

（2）将松花蛋糕刻成锦鸡的长尾。

（3）将盐水胡萝卜切成柳叶片，作为锦鸡的尾部羽翎。

（4）将红曲鸭脯片成片作为锦鸡的胸部。

（5）将卤冬菇、黄蛋糕、盐水胡萝卜、糖醋红心萝卜切成柳叶片，排叠成翅膀羽翎状。

（6）将糖醋红心萝卜、酸辣黄瓜、白蛋糕切成长柳叶片，排叠为颈部羽翎状。

（7）用盐水胡萝卜刻出锦鸡的头、嘴、冠。

（8）用盐水胡萝卜刻出锦鸡的腿、爪。

（9）将双色蛋卷、酸辣黄瓜、糖醋红心萝卜、盐水鲜青椒、卤冬菇、盐水虾分别拼摆成花朵即成。

特点：形神兼备，拼摆细致。

锦鸡冷拼

12. 金鸡报晓冷拼

原料：松花蛋糕、烤鸭脯、黄蛋糕、白蛋糕、酱牛舌、酱猪耳、萝卜卷、盐水虾、火腿肠、盐水黄瓜、糖醋胡萝卜、怪味鸡丝、盐水西蓝花、心里美萝卜、相思豆。

金鸡报晓冷拼

器皿：大长方盘。

制作方法：

（1）将松花蛋糕切成羽翎形片，拼摆成雄鸡的尾羽。

（2）用怪味鸡丝垫底，将烤鸭脯片成片，拼摆成雄鸡的胸腹部。

（3）将心里美萝卜、黄蛋糕切成羽翎形片，拼摆成雄鸡的翅膀。

（4）将盐水黄瓜、糖醋胡萝卜、黄蛋糕、白蛋糕切成羽翎形片，拼摆成雄鸡的头颈，用糖醋胡萝卜刻喙、冠的髯，用相思豆做眼睛。

（5）用糖醋胡萝卜刻出雄鸡的腿、爪。

（6）将烤鸭脯、黄蛋糕、酱牛舌、酱猪耳、萝卜卷、火腿肠、盐水黄瓜、糖醋胡萝卜、心里美萝卜切成片，搭配其他材料拼摆成山石及花草形状即可。

特点：造型别致，色彩美观。

13. 松鹤图冷拼

原料：火腿肠、白蛋糕、蛋松、盐水胡萝卜、盐水黄瓜、糖醋心里美萝卜、松花蛋肠。

器皿：大长方盘。

制作方法：

（1）将蛋松垫底，码成鹤的雏形。

（2）将白蛋糕、松花蛋肠切成柳叶片，排叠成鹤的身躯、颈、尾部羽翎，用盐水胡萝卜、盐水黄瓜分别刻成腿、爪、眼和嘴。

（3）将白蛋糕切成柳叶片，排叠成鹤的大翅膀羽翎。

（4）将盐水胡萝卜、糖醋心里美萝卜分别切成片，拼摆成两朵牡丹花。

松鹤图冷拼

（5）将火腿肠、白蛋糕、盐水胡萝卜、盐水黄瓜、糖醋心里美萝卜、松花蛋肠切成片，拼摆成山石形即成。

特点：形态逼真，造型精致。

14. 迎宾花篮冷拼

原料：拌鸡丝、盐水胡萝卜、盐水黄瓜、火腿肠、红肠、西施火腿、黄蛋糕、白蛋糕、红心萝卜、色拉土豆泥。

器皿：大长方盘。

制作方法：

（1）将拌鸡丝在盘内垫底，码成花篮雏形。

（2）将西施火腿、黄蛋糕、白蛋糕切成长方片，排叠成花蓝面，用盐水胡萝卜、盐水黄瓜刻成点缀物。

（3）将白蛋糕、红心萝卜切成薄片，拼摆成两朵玫瑰花。

（4）另用色拉土豆泥组成两只姿态不同的鸟的雏形。

（5）将盐水胡萝卜、盐水黄瓜、白蛋糕切成羽翎片状，拼摆成鸟翎。

迎宾花篮冷拼

（6）将火腿肠、红肠、盐水黄瓜等切成片，拼摆成山石形即成。

特点：选料丰富，构思巧妙，造型精美。

15. 金鱼戏莲冷拼

原料：拌鱼丝、蛋卷、白蛋糕、盐水胡萝卜、盐水虾、火腿肠、西式火腿、酸辣黄瓜、盐水西蓝花。

器皿：大长方盘。

制作方法：

（1）在盘内用拌鱼丝码成金鱼雏形。

（2）将白蛋糕切成片，拼摆成金鱼尾。

（3）将蛋卷切成鱼鳞形片，从鱼尾到鱼头排叠出鱼身，用盐水胡萝卜刻出鱼头部及鱼眼，再刻出鱼鳍，镶嵌成金鱼。

（4）将白蛋糕、酸辣黄瓜切成片，分别拼摆出荷花及荷叶。

（5）将蛋卷、白蛋糕、盐水胡萝卜、盐水虾、火腿肠、西式火腿、酸辣黄瓜、盐水西蓝花切成片，拼摆出山石形即成。

金鱼戏莲冷拼

特点：小巧玲珑，惹人喜爱。

16. 神仙鱼冷拼

原料：熟鸡丝、熟口条、黄蛋糕、白蛋糕、西式火腿、红樱桃、绿樱桃、盐水黄瓜、糖醋胡萝卜、卤香菇。

器皿：十八寸圆盘。

制作方法：

（1）用熟鸡丝铺成鱼身的底部。

（2）将盐水黄瓜、糖醋胡萝卜切成柳叶片，拼摆成鱼尾和鱼鳍。

（3）将糖醋胡萝卜、白蛋糕、黄蛋糕、西式火腿、卤香菇切成椭圆形薄片，拼摆成鱼的鳞片状。

（4）用卤香菇、西式火腿做鱼头，白蛋糕做眼圈，卤香菇做眼珠，将盐水黄瓜、糖醋胡萝卜切成长条形的薄片，制成鱼须。

神仙鱼冷拼

（5）将熟口条、黄蛋糕、白蛋糕、西式火腿、红樱桃、绿樱桃、盐水黄瓜、糖醋胡萝卜、卤香菇切成片，拼摆成山石及水草形即成。

特点：色泽艳丽，神态悠然。

思考与练习

一、简答题

1. 冷拼的种类有哪些？

2. 简述冷拼的原则。

3. 简述冷拼的拼摆步骤。

二、训练题

1. 制作出 3 种一般冷拼。

2. 用盐水鸭、酸辣黄瓜、西式火腿，在 30 分钟内拼摆成三色冷拼。

3. 结合冷拼实例，设计并制作出不同主题的冷拼。

第二章
食品雕刻

学习目标

1. 了解食品雕刻的种类
2. 掌握食品雕刻的原料和工具
3. 了解食品雕刻的原则和步骤
4. 掌握食品雕刻的方法
5. 掌握常见食品雕刻实例的制作方法

食品雕刻是在追求烹饪造型艺术、色彩搭配艺术的基础上发展起来的一种菜肴点缀、衬托的应用技术，能给人以高雅优美的艺术享受。食品雕刻多种多样，使用的原料和工具繁多，具有特定的原则和操作程序，需要通过大量的练习才能很好地掌握。

第一节　食品雕刻的种类

食品雕刻涉及的内容非常广泛，品种多种多样，采用的雕刻形式也有所不同。按照不同的分类标准，食品雕刻可以分为不同种类。

一、按照所使用的原料分类

1. 果蔬雕

果蔬雕是以瓜果蔬菜为雕刻原料制作的作品，是食品雕刻的主要组成部分。果蔬雕制作相对容易，使用面广。初学者多以果蔬为原料来练习食品雕刻技术。

2. 奶油雕

奶油雕也称黄油雕，是源于西方的一种食品雕刻技术，常见于大型自助餐酒会及

果蔬雕

奶油雕

各种美食节的展台。奶油雕给人一种高贵典雅的感觉，可以提高宴会的档次，调节就餐气氛，装扮出高雅的就餐环境。

3. 巧克力雕

小型巧克力雕是用巧克力块直接雕刻出花、鸟、鱼、虫等；而大型巧克力雕则是先做好骨架，然后抹上巧克力，再进行雕刻。

4. 糖雕

糖雕也称糖艺，是西点中的一项基本技术，是用糖粉、蛋清等经过加工后雕刻或吹拉成各种惹人喜爱的象形物。糖雕造型大气磅礴，尤其是浮翠流丹的色彩令人耳目一新。

5. 冰雕

冰是水在 0 ℃以下结冻而成的，具有一定的硬度，清澈透明，有自然冰和人造冰之分。用冰雕刻堆砌各种动物、人物及建筑，极为美丽、壮观。冰可雕刻成盛器作为刺身菜肴的盛装载体，也可雕刻成小型花鸟、动物、人物形象，装饰餐桌，显得别致并引人注目。

糖雕

冰雕

6. 豆腐雕

豆腐雕是用有一定体积的豆腐块在水中雕刻出一定造型的雕刻技术。雕刻时手法要轻，并用水漂洗掉渣料，使形象清晰。

7. 琼脂雕

琼脂雕是用人工合成的凝胶冻经水泡发后，放入容器中，用保鲜膜密封，经加热熔化后倒入形状规则的容器内加色素调匀，冷却后雕刻花、鸟、鱼、虫等形象。琼脂雕作品温润如玉，有极强的艺术效果。

二、按照表现形式分类

1. 整雕

整雕又称圆雕或立雕，是用一整块原料雕刻而成的作品。整雕的形状是立体的，从各个角度看都呈现出雕刻的形象，富于表现力、感染力，常用于大型看台和看盘的制作。

2. 组装雕

组装雕属于大型观赏性作品，如孔雀开屏、凤凰、人物的服饰等，是先用不同颜色的原料，雕刻成物体的部件，然后再用502胶水把它们组合拼装成一个完整的整体。组装雕具有色彩鲜艳、形象高大的效果，同时也降低了雕刻的难度。

3. 浮雕

浮雕也称凹凸雕，是在原料表面呈现出各种图案形象的一种雕刻技法。这种方法常使用于表皮色彩较深的瓜果上，如西瓜盅、冬瓜盅等。凸雕又称阳雕，是使图形凸起来。凹雕又称阴雕，是使图形凹下去。浮雕图形画面与底子色彩反差较大，能形成漂亮的对比。

4. 镂空雕

镂空雕是指用镂空透刻的方法，把所需要的花纹图像刻留在原料上，形成镂空花纹。镂空雕难度大，操作时下刀要准，行刀要稳，可雕刻瓜灯、宝塔等。

浮雕

镂空雕

5. 展台雕

展台雕属于大型组装雕刻，它是使用多种表现形式，组装出完整的、表现特定的主题、形象完美的作品。如“百鸟朝凤”“龙凤呈祥”“麒麟送子”“孔雀迎

宾”等都是属于展台雕大型组装作品。这些作品有整雕的，有组装雕刻的，有浮雕的，也有悬挂雕的，有时需要背景衬托（如松绿叶等），有时需要一定的灯光配合，最后组装在一起，成为一幅完整的立体图案。这种作品只适合在大型的宴会做食雕展台，产生特有的气势。由于展台雕技术复杂，艺术性要求高，故不宜大量制作。

第二节 食品雕刻的原料和工具

一、食品雕刻的原料

用于食品雕刻的原料很多，质地细密结实、色彩艳丽而且有一定厚度和面积的瓜果及根茎类蔬菜、蛋类或面食类都可以作为雕刻原料。但最好选用那些脆嫩、不软、表皮无伤无筋、无糠心、色泽鲜艳且有一定水分和硬度的原料。由于质地、色泽、品种不同，在选料时要根据需要而定。食品雕刻原料分为生原料、熟原料和其他原料。

1. 生原料

（1）根茎类原料

1）白萝卜。白萝卜质地细密嫩脆，体大肉厚，颜色洁白，便于配色和染色，适用于雕刻人物及各种花朵和鸟兽，价格便宜，是理想的食品雕刻原料。

2）红萝卜。红萝卜又称红皮萝卜、卞萝卜，质地坚密，水分较少，易糠心，能

白萝卜

红萝卜

像白萝卜一样用于食品雕刻，效果较好。因其有一层鲜红的薄皮，能刻出美丽的红白相衬的花卉图案等形象，可用来雕刻鸟兽、昆虫、牡丹花及容器等。

3）水萝卜。水萝卜又称红水萝卜、四樱萝卜，表皮呈红色或浅红色，肉质洁白，个体小，呈圆锥形，常用来雕刻各种小型花朵，如梅花、三角花等。

4）心里美萝卜。心里美萝卜呈长圆形，表皮呈翠绿色，肉质呈粉红色、玫瑰红色或紫红色。其天然色彩比较艳丽，和某些花卉的颜色十分相似，所以雕刻出来的花形逼真，如紫玫瑰、紫月季等。心里美萝卜也是雕刻鸟兽的理想原料，如鸳鸯、凤凰头等。

5）青萝卜。青萝卜呈长圆形，表皮呈绿色，肉质颜色与表皮色相似。肉质致密，组织细嫩，雕刻成型后鲜艳夺目，给人一种清新、高雅、愉快的感受，常用来雕刻绿色的菊花、牡丹、孔雀、螳螂、蝈蝈和羽毛为绿色的小鸟等。

心里美萝卜　　青萝卜

6）紫萝卜。紫萝卜表皮和肉质均为深紫色，体长圆，可用于雕刻紫菊花、紫月季和多种小花。

7）胡萝卜。胡萝卜又名红棍、丁香萝卜。胡萝卜肉质细密，呈圆锥形，有长短两种，颜色以鹅黄色和橘红色最为常见，也有淡黄色、白色、红色和紫色等品种。胡萝卜是雕刻菊花、月季花、牵牛花、喇叭花、梅花、金鱼、绣球等的理想原料。它也常常用来刻制各种花卉的蕊、多种飞禽的喙爪，以及各种用于点缀的图案，是一种用途广泛的食雕原料。

8）红菜头。红菜头也叫甜菜、糖萝卜，呈球形、卵形、扁圆形或纺锤形。表皮呈暗紫红色，肉质部分为鲜红色，质地坚实，最适宜雕刻各种红色或紫色的花朵，如杜鹃花、大丽花等。

9）芜菁。芜菁又名蔓菁，体大肉实，呈淡绿色、白色、红色，可用来雕刻各种花卉、小鸟等。

10）土豆。土豆学名马铃薯，又名洋芋、洋山芋，常见有球形、卵形、椭圆形，以及各种不规则形状，表皮最为常见的颜色为土黄色，也有呈粉红色的。土豆没有筋络，肉质细嫩，能久存不变质，是冬季及蔬菜淡季较好的雕刻材料，可用来雕刻花卉、动物和人物，尤其是古典人物的面部。

胡萝卜　　土豆

11）苤蓝。苤蓝也叫球茎甘蓝，呈圆形或椭圆形，皮和肉均呈淡绿色，可用于雕刻花卉、小鸟等。

12）红薯。红薯又称白薯、山芋。红薯皮薄，呈粉红色或浅红色，肉质有“白瓤瓜”和“红瓤瓜”之分，质地细脆致密，可用于雕刻各种动物和人物。

13）人芋头。人芋头又名芋菜头，呈圆形，肉质细红，适宜雕刻花朵、人物、鸟兽等。

14）凉薯。凉薯即豆薯，表皮呈土黄色，肉质洁白，质地细密，可用来雕刻花卉、动物，南方多用来做外面雕花、内部镂空填以豆沙等馅的甜食。

15）橄榄。橄榄形似球，扁圆，色泽偏绿，夏季可代替青萝卜用于雕刻。

16）姜。姜又名生姜、辣姜，形状不规则，表皮呈黄褐色，肉呈嫩黄色，可雕刻成各种小花，也可切丝做花蕊或假山。

17）葱头。葱头又名圆葱、洋葱，形状有扁圆形、球形、纺锤形，颜色有白色、浅紫色和微黄色，质地柔软，略脆嫩，有自然层次，可用于雕刻睡莲、玉兰花等。

18）大葱。大葱又名长葱，葱白细长，圆柱形，外观整齐，组织充实，质地细致，纤维少，适于雕刻小型装饰性的花朵，如菊花或小野花等。

19）莴苣。莴苣又名青笋、莴笋，茎皮呈浅绿色或浅绿白色，肉质呈浅绿色或翠绿色，肉质脆嫩，可用来雕刻翠鸟、青蛙、蝈蝈等小动物及各种小花，以及人物的镯簪、服饰、绣球等。

20）冬笋。冬笋外形呈圆锥状，除去表皮呈淡黄色，适于雕刻船、车等。

（2）瓜果类原料

1）黄瓜。黄瓜又名王瓜、胡瓜、青瓜，表皮颜色有黄绿色和深黄色，肉质呈淡绿色或青白色，形状为棒形、长棒形或圆柱形。黄瓜质地脆嫩，形细长，肉色翠绿、皮色鲜艳，用于雕刻船、青蛙、蜻蜓、蝈蝈、螳螂等。黄瓜皮可单独制成雕刻、拼摆的平面图案，也可根据需要与其他原料配合使用。

2）南瓜。南瓜又称饭瓜、金瓜。南瓜嫩时表皮为绿色，成熟后按品种不同，表皮有棕黄色、黄绿色和红褐色，瓜肉为黄色。南瓜的特点是肉质硕大肥厚，可用来雕刻大型食雕，其实心部位可雕刻各种黄颜色的花卉，如菊花、玫瑰、月季等。此外，因其刀痕清晰，表现作品的效果好，南瓜也是雕刻龙、凤、牛、马、狮、虎等大型动物，以及各种人物的绝佳原料。另外，还可利用南瓜镂空雕刻鱼篓或编织类造型。

3）笋瓜。笋瓜又称白瓜，形长圆，表面光滑，肉质细密，表皮与肉质颜色一致，有纯白色、黄白色和青白色，可用于雕刻花卉、人物、动物、亭台楼阁等，也可用来做其他造型的基座。

4）西葫芦。西葫芦呈长圆形，表面光滑，表皮呈深绿色或黄褐色，肉质呈青白色或浅黄色，肉质较南瓜、笋瓜稍嫩，可用于雕刻花卉、动物、人物和山水风景等。

5）西瓜。西瓜为大型浆果，呈圆形、长圆形、椭圆形。西瓜果肉水分过多，故一般掏空瓜瓤，利用瓜皮雕刻西瓜灯或西瓜盅，西瓜灯和西瓜盅属于艺术性极高的食品雕刻造型，有很高的欣赏价值。

6）冬瓜。冬瓜又名枕瓜，一般外形似圆桶，形体硕大内空，表皮呈暗绿色，外表有一层白粉，肉质呈青白色。冬瓜通常用来做冬瓜盅，是在冬瓜表面雕刻出花纹再剜去肉瓤而成，也可雕刻花篮、甲鱼背和大型的龙舟等。

7）西红柿。西红柿又名番茄、洋柿子、洋茄。西红柿色泽鲜艳光亮，成熟时皮肉颜色一致，因其果肉娇嫩多汁，无法刻制出较复杂的形象，只能利用其表皮和外层肉进行简单造型，如雕刻荷花、单片状花朵等。除此之外还可以做拼摆图案的拉花材料及做小盅等。

8）茄子。茄子又名酪苏、矮瓜，形状有长棒形、球形、倒卵形等，茄皮颜色有紫色、暗紫色、绿色、白色等，茄肉为白色，肉质软而又有弹性，可单独用来雕刻花卉，也可用茄皮色彩作为其他造型物的装饰色。

9）柿子椒。柿子椒又称青椒，个头较大，果实翠绿，成熟时呈火红色、大红色，因其肉质不丰厚且内空，故不能用作造型复杂的作品，一般只能雕刻单层瓣、最多是双层瓣的花卉，也可作为装饰其他造型物的材料。

10）樱桃。樱桃为小圆形果，皮肉均呈鲜红色。樱桃可刻制小花，也是拼摆创作的好材料，常作为装饰材料。

（3）叶菜类原料

叶菜类原料主要为白菜和小油菜，颜色为白色和绿色。一般在使用时去外帮和上半截叶子，仅留下半截靠根部的菜梗。菜梗虽翠嫩多汁，但由于纵向纤维较多，故施刀时其组织不易脱落，一般用来雕刻各种花鸟、人物、风景的陪衬，最宜雕刻菊花。

2. 熟原料

（1）鸡蛋糕

常见鸡蛋糕的颜色有黄色、白色、红色、绿色等。鸡蛋糕用于雕刻时，要选用有一定面积和厚度、质地均匀细腻、着色一致的原料。鸡蛋糕常用于刻制龙头、凤头、亭阁等，以及简单的花卉。

（2）整只蛋

整只蛋如鸡蛋、鸭蛋、鹅蛋，加工成熟后改刀成型，用于制作各种花形，金鱼、玉兔、白鹅、小猪等小动物，以及点缀鸟的嘴、眼、翅。

（3）肉糕

肉糕如午餐肉、鱼泥肉糕等，这类原料的雕刻以粗线条为主，主要显示轮廓，如用于雕刻宝塔、桥等；还可作为辅助性原料，如用于雕刻翅羽、长羽及羽毛等。

3. 其他原料

其他原料包括奶油、冰块、琼脂、白糖、砂糖、巧克力、葡萄糖、柠檬等，这些原料经改刀或模具挤压，常用于点缀衬托。

二、食品雕刻的工具

食品雕刻是一种实物造型艺术，它需要使用一定的工具才能完成。“工欲善其事，必先利其器”，要想做好食品雕刻，应事先准备好一些必需的雕刻工具，主要是各种刀具。用于食品雕刻的刀具以锋利、灵便、易用为原则，材料以不锈钢为最佳。

1. 分料刀类

分料刀类的刀型大而长，主要用于下料或打大形，如切刀。

2. 刻刀类

刻刀类主要有直刀、平刀和斜口刻刀。

（1）直刀

直刀即直头平面刻刀，也称削刀、长形斜口尖刀，刀身四指长为宜，是雕刻的主要工具，所以也称主刀，有时能完成所有雕刻步骤。花冠、鸟兽、人物造型等均需用直刀雕刻，使用直刀时采用握刀式或执笔式持刀方法。

（2）平刀

平刀即直头弧面刻刀，其长宽与直刀相同，只是刀刃的横断面略呈弧形，主要用来旋剜、镂刻圆形和弧形孔，以及雕刻呈圆形或弧形的部位。

直刀　　　　平刀

（3）斜口刻刀

斜口刻刀长约 15 厘米，刀口与刀背夹角 45 度左右，两端刀刃宽度不一，主要用于浮雕各类瓜盅和瓜灯。

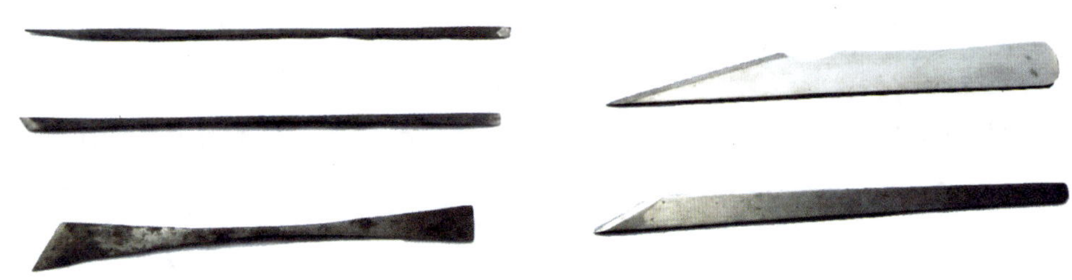
斜口刻刀

3. 戳刀类

戳刀类刀具大小、形状规格不一，大致可分为以下几种：

（1）U 形刀

U 形刀又称圆口戳刀，其刀刃的刃口横断面呈弧形，中部略阔，以便执操。U 形刀两端设刃，其刃锋应从前端延伸至两沿交界处，以便雕刻时运用自如。不同型号 U 形刀两端刃口大小各有差异，宽的一端比窄的一端略宽 2 毫米，各号刀口刃面的宽度依次如下：

1）一号：宽端 22 毫米，窄端 20 毫米。

2）二号：宽端 18 毫米，窄端 16 毫米。

3）三号：宽端 14 毫米，窄端 12 毫米。

4）四号：宽端 10 毫米，窄端 8 毫米。

5）五号：宽端 6 毫米，窄端 4 毫米。

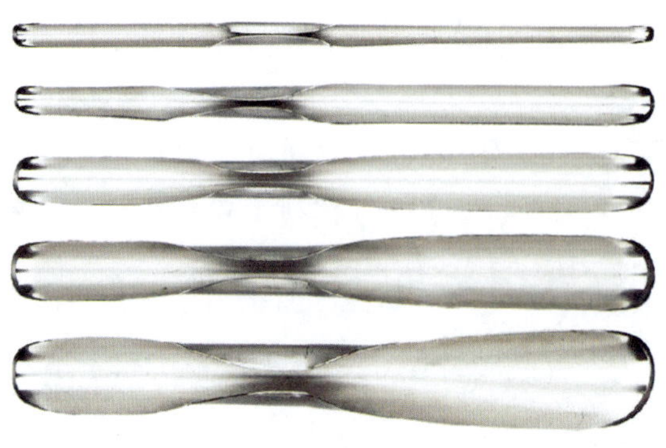
U 形刀

U 形刀在果蔬雕刻中用途很广，可用于雕刻多种花冠，如菊花、大丽花等；可用于雕刻造型物的弧形、圆形部位，特别是鸟类的羽毛及翅膀；可用于打槽、打沟、打孔；也可用于雕刻弧形、圆形、梅花瓣形等形状的图案。

（2）V 形刀

V 形刀又称尖口戳刀，刀体长约 15 厘米，中部略宽，刀身两端有刃，刀口规格不一，两头都可用来刻制一些较细而且棱角较明显的沟槽、线、角，如戳丝、羽毛、菊花等。

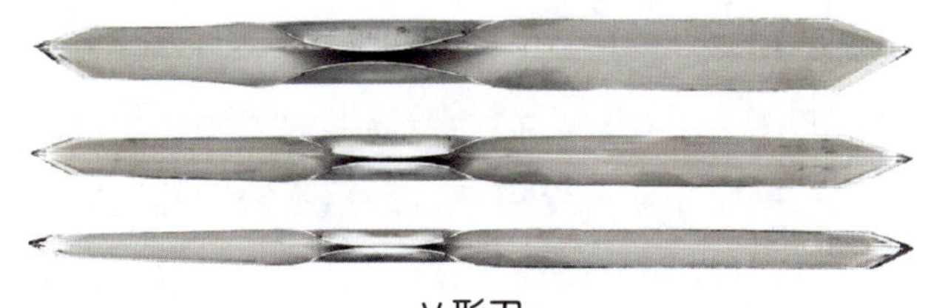

V 形刀

（3）方口戳刀

方口戳刀为刃口横断面两边呈一定夹角的角形口戳刀，其夹角以 90 度为宜，两端设刃。方口戳刀有大小两种型号，最大刃 10 毫米，最小刃 4 毫米。

1）大号：宽端 10 毫米，窄端 8 毫米。

2）小号：宽端 6 毫米，窄端 4 毫米。

方口戳刀主要用于在瓜盅上刻线纹。

方口戳刀

（4）单槽弧线刀

单槽弧线刀一头为刀刃口，一头为把，刀口向上弯曲，刀身长 15 厘米左右，弧度一般为 150 度左右，槽深 0.3 厘米，宽 0.5 厘米，此刀多用于雕刻一些转曲面的鸟羽。

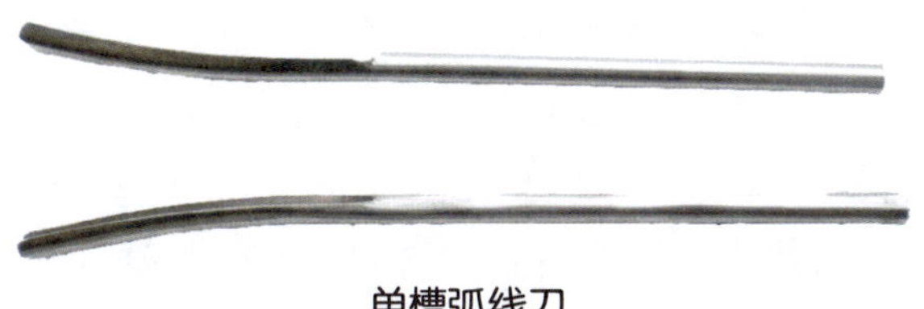

单槽弧线刀

（5）钩形戳刀

钩形戳刀也称勾线刀，刀身两头有钩状的刀刃，是雕刻瓜灯及瓜盅纹线的得力工具，能使传统的瓜灯雕刻速度提高几倍。

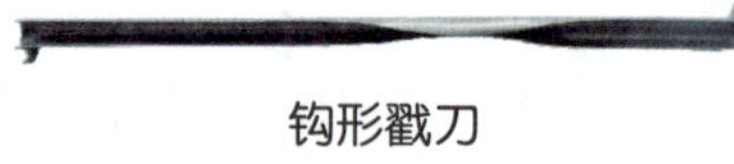

钩形戳刀

以上介绍的是戳刀，戳刀在使用时多采用执笔的持刀姿势，利用手腕的力量往前推动。运刀时，用力要均匀，紧贴原料，以防滑刀伤手及损坏雕刻品。

4. 其他类刀具

其他类刀具有模具刀和特殊专用刀具。

（1）模具刀

模具刀种类繁多，形态大小各异，有动植物模具刀和文字模具刀等。其中动植物模具刀是挤压某些动植物平面图案的专用刀，是用不锈钢片制成的一类象形刀具。操作模具刀时，可先将原料切成片，然后用模具挤压便可以成型，或挤压成有一定厚度的雏形，再切成片状，以提高工作效率。这类模具刀一般可根据需要制作，如和平鸽、飞燕、海鸥、蝴蝶、金鱼、鲤鱼、虾、玉兔、松鼠、寿桃、树叶、荷花、梅花、如意、福禄寿喜、生日快乐等。

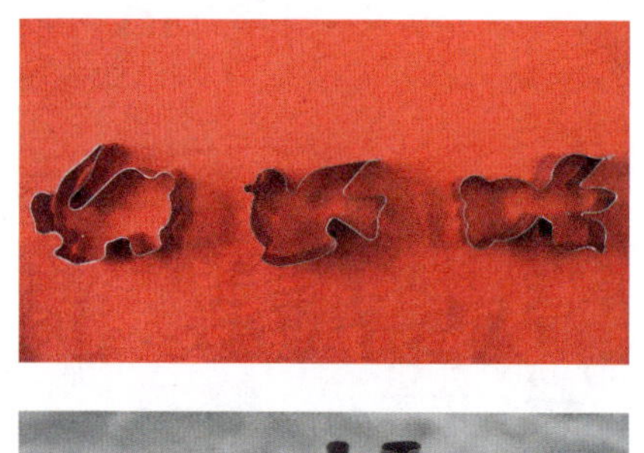

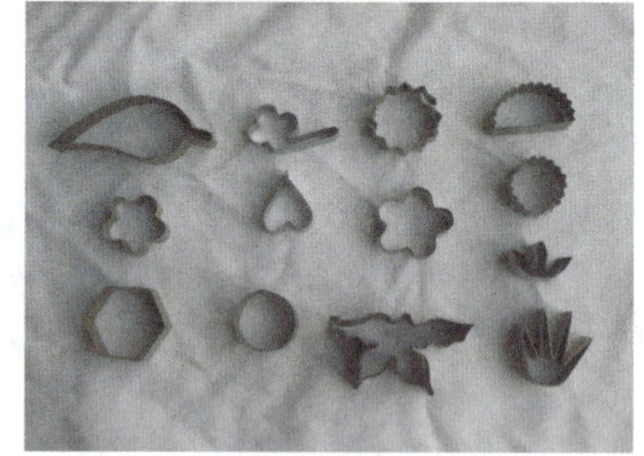

模具刀

（2）特殊专用刀具

特殊专用刀具是根据某些雕刻技巧或手法而制作的特殊规格的刀具，如面塑的刀具，冰雕的铲刀，琼脂雕的筒刀、划线刀等。

第三节 食品雕刻的原则和步骤

一、食品雕刻的原则

食品雕刻的工艺性较强，制作时要根据不同需要精心构思和制作，应力求以“美”为准则。食品雕刻注重形体与色彩搭配表现，需要主题正确、结构完整、形态逼真，切忌粗制滥造或形象庸俗。食品雕刻时应注意掌握以下原则：

1. 注重食用性

以食用为主的食品雕刻作品，必须选用可食性的原料，把食用性放在首位，它是美化了的食物，虽具有一定的艺术性，但不强调是纯粹的艺术品。

2. 注重欣赏性

食品雕刻作品在热菜和冷菜的造型中使用广泛，如冷菜“锦上添花”“凤凰戏牡丹”“金鱼闹莲”等所使用的花是不可缺少的，在热菜中一般以点缀围边衬托为主，同时也用于花色造型菜，如“龙舟”“瓜盅”等都离不开雕刻，这些均属于观赏与食用相结合。这些雕刻作品要求具有较高的艺术欣赏性，给就餐客人以生机勃勃、富于活力和喜悦热烈之感。

3. 品名吉祥如意

食品雕刻作品应选择吉祥如意、美好健康、富有寓意的主题和相应造型，如“龙凤呈祥”“百鸟朝凤”“松鹤延年”“雄鸡报晓”“龙马精神”等，但不可牵强附会、滥用词语。

4. 讲究卫生

食品雕刻作品必须讲究卫生，切不可被污染，特别是观赏与食用相结合的食品雕刻品，不允许使用不能食用的原料（如竹竿、冬青叶等）。

5. 新颖别致

食品雕刻人员在能够制作已经定型的传统造型基础上，要勇于尝试，不墨守成规，根据原料和雕刻手法的特点，结合宴会主题，灵活运用，创造出与时俱进、符合人们审美情趣的作品。

二、食品雕刻的步骤

食品雕刻技术比较复杂，必须计划得当，循序进行，才能达到预期的目的，其步骤如下：

1. 命题

命题又称选题，即雕刻选择的内容题材，根据使用场合及目的来确定雕刻作品合适的题目，要充分考虑国家和民族的习俗，时令季节，以及宾客的身份、爱好等因素，使选择的题目新颖，恰到好处，富有意义。

2. 定型

根据题意确定雕刻作品的类型，如雕刻作品的大小、高低及表现形态等，要考虑主体部分的安排、陪衬部分的位置和色彩的分布，可以先画出草图，再勾勒出轮廓，明确各部位的比例，这一步是雕刻作品能否生动形象和确切表现主题的关键。

3. 选料

选料是根据题目和雕刻作品类型合理选择原料。选料时要考虑原料的质地、色泽、形态、大小等是否有利于体现作品主题，是否满足雕刻作品类型的要求。

4. 布局

选定原料后，要根据主题内容和雕刻作品的形象对雕刻作品进行整体设计。在原料上先安排好主体部分，再安排陪衬辅助部分，各部分要恰到好处，使主题突出、形象逼真，不能喧宾夺主或主次不分。

5. 雕刻

食品雕刻的艺术价值完全是通过雕刻技术体现出来的，它是实现雕刻作品总体设计的决定性一步，因此雕刻时要手、脑、眼并用，全神贯注，一气呵成。雕刻时，先雕出作品大体轮廓，然后再进一步刻画，先整体后局部，先雕刻粗线条，后雕刻细线条，做到“宁方勿圆”。下刀要稳准，行刀要利落，刀过无痕，按雕刻运刀顺序精雕细刻，直至完成作品。

6. 组装

雕刻完成后，有些雕刻作品尚需进行组装，如花篮、山水、盆景、花瓶等，需采用扎、堆、粘等方法，使其成为一个完整的造型。

7. 点缀

点缀是指作品组装完成后，还需将作品的局部饰以辅料进行点缀、修饰，使之更趋完美。

第四节　食品雕刻的方法和实例

一、常用食品雕刻刀具的使用方法

1. 刻刀的使用方法

（1）横卧刀法

四指握住刀把（刀柄），使刀刃向内。拇指空开，在雕刻时抵住原料，起支撑、稳定的作用。雕刻时靠收缩手掌和虎口，使雕刻刀夹紧向里运动。这种握刀法运刀的力量最大、最稳，但有时显得不够灵活。

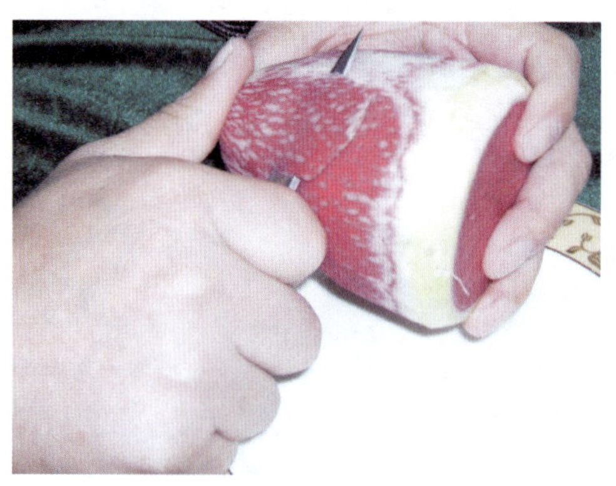

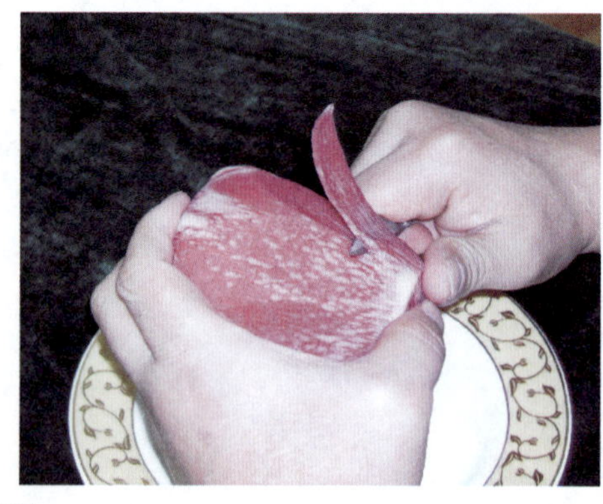

横卧刀法

（2）两指握刀法

拇指和食指握住刀身，其余三指作为支撑，起稳定的作用。雕刻时，靠拇指和食指的收缩来使刀运动。这种握刀法的优点是运刀非常灵活、快速，特别适合雕刻细节的地方，是现在常用的一种握刀法。只是对于初学者来说，由于拇指和食指的力量不足，采用两指握刀法雕刻时会感觉施力不充分。在这种情况下，可以在两指握刀时加上一个中指，这样就会感觉力量要大一些，握刀要稳一些。

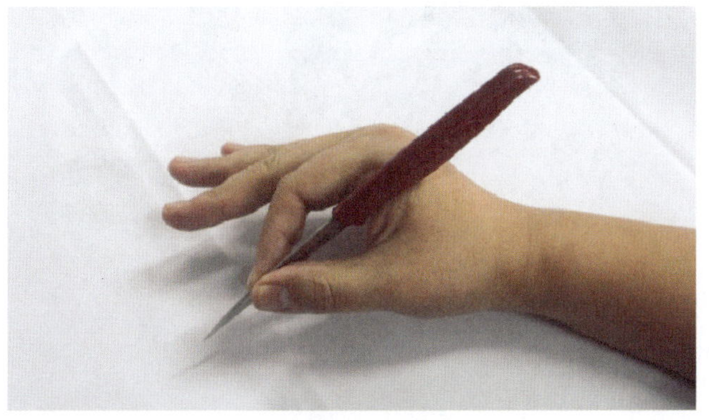

两指握刀法

（3）握笔式握刀法

握笔式握刀法是一种像握笔一样握雕刻刀的方法。无名指和小指微微并拢、内弯，抵住原料，使运刀平稳，起支撑的作用。刀把置于虎口，刀身平放于中指第一关节。食指抵住刀背，拇指轻压在刀把和刀身连接处，主要靠拇指、食指和中指的收缩来运刀。注意刀刃一般都是朝向左边或朝向里面。

握笔式握刀法

2. 戳刀的使用方法

戳刀的握刀方法就像握笔一样，拇指、食指和中指握住戳刀的前部，无名指和小指抵住原料起支撑作用，其雕刻过程是由手指和手腕配合用力完成的。在雕刻的过程中，戳刀一定要压在原料上，戳刀的方向是向外的。

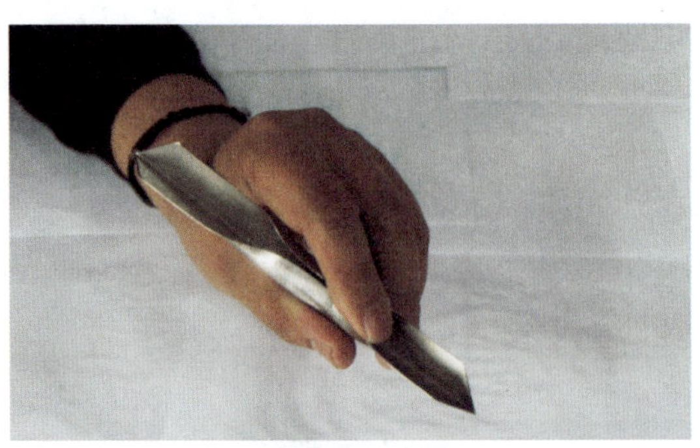

戳刀的使用方法

二、食品雕刻的手法

1. 切刀法

切刀法主要有直切、斜切、锯切和压切 4 种，主要用于雕刻时修整原料和“开大形”。

（1）直切

直切就是刀背向上，刀刃向下，左手按稳原料，右手持刀，刀与原料和案板呈 90 度垂直切下，使原料分开的一种切刀法。直切属于一种辅助的雕刻刀法，主要用于不规则大块原料的最初加工处理。另外，直切还可以用于雕刻时的“开大形”，使后边的雕刻变得简单省事，加快雕刻的速度。

（2）斜切

斜切，即操作时刀与原料、案板不成直角的一种切刀法，其他要求和直切是一样的。斜切时，原料一定要先放稳，左手按住原料，右手根据所需要的角度，手眼并用，使刀按要求切下去。

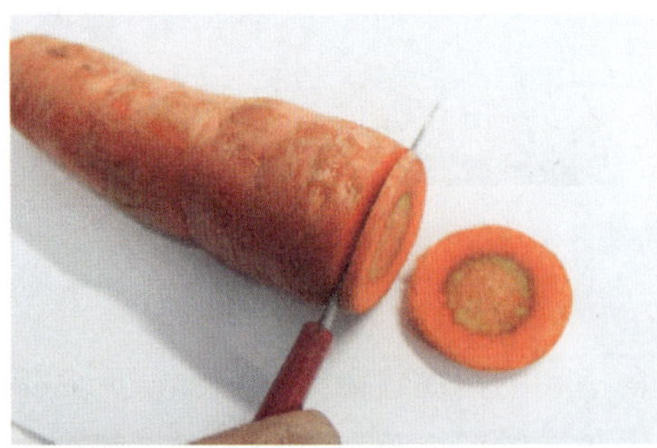

直切

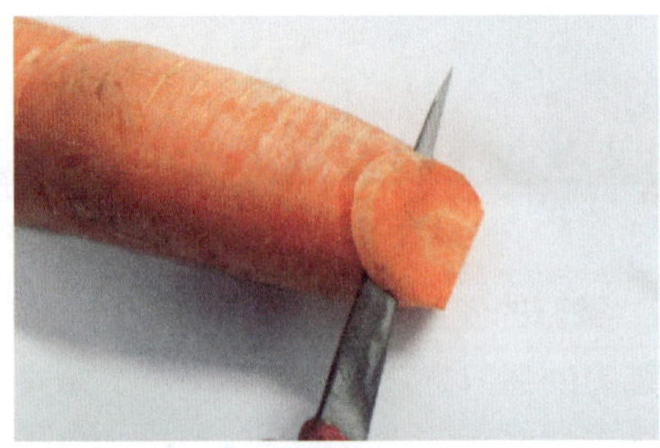

斜切

（3）锯切

锯切一般选用窄而尖的刀具。左手按稳原料，右手持刀，先将刀向前推，然后再拉回来，一推一拉就像拉锯子一样。锯切刀法主要适用于韧性较大或太嫩、太脆的原料，熟食原料也多采用锯切的刀法。

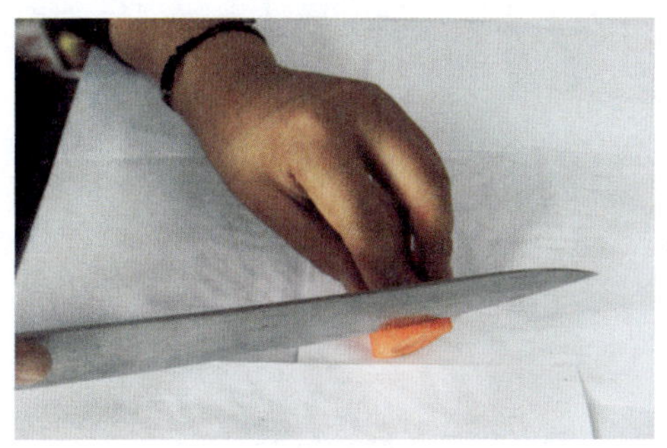
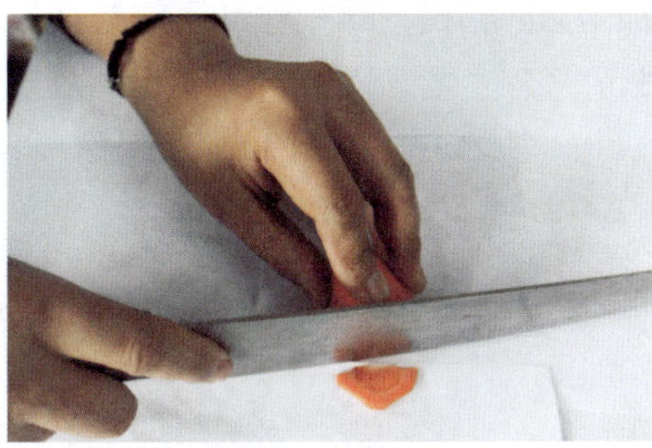

锯切

（4）压切

压切主要是用模具刀放到原料的表面，然后施加压力将原料切下的一种方法。这种方法主要用于平刻。使用时，要注意原料的厚度不能超过模具刀的深度。压切时，最好在原料的下边垫上木板，防止伤手。

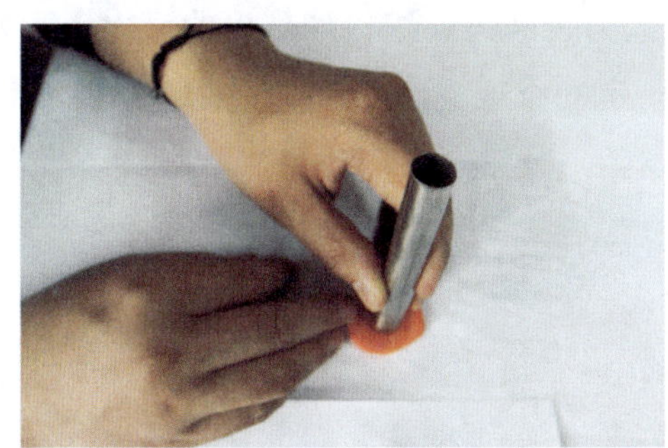
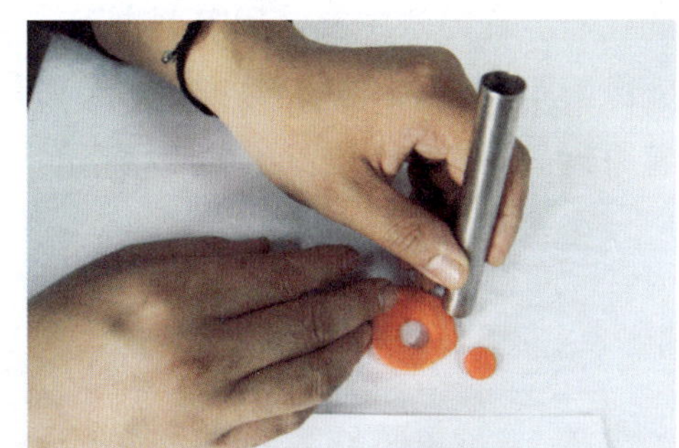

压切

2. 削刀法

一般是把悬空的切称为削，削刀法是将刀在原料上笔直地推出去或拉回来的方法，运刀的路线为直线，削出的面为一个平面。削刀法是食品雕刻中的一种常用刀法。

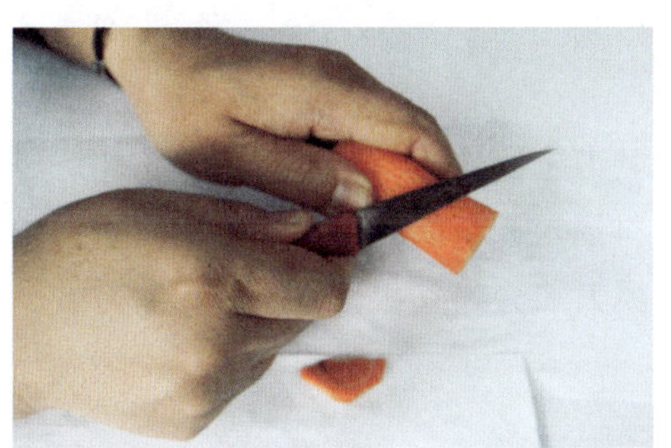

削刀法

3. 刻刀法

刻刀法是食品雕刻中最常用的刀法，在整个雕刻过程中都在使用。刻是食品雕刻的精加工刀法，是对雕刻作品局部较细形态的加工手法。刻主要使用雕刻的主刀来进行，刻的过程主要是通过手指和手腕的运动来达到刻形和去废料的目的。

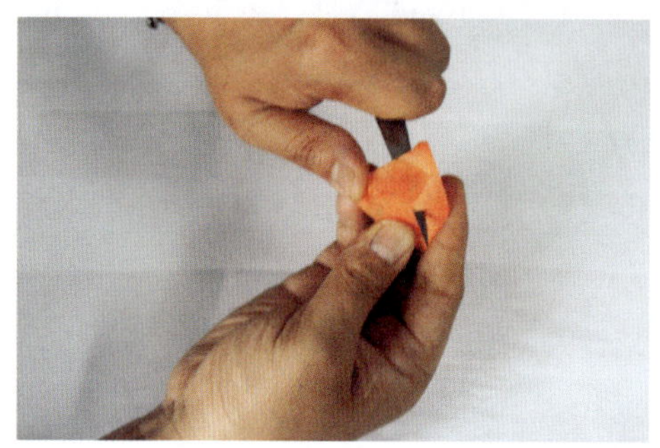
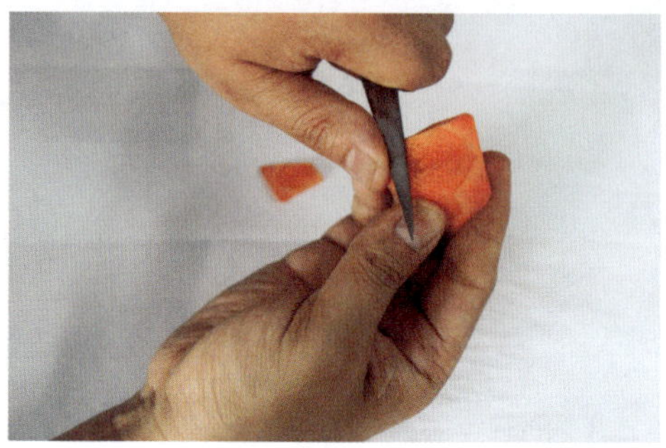

刻刀法

4. 旋刀法

旋刀法是一种用途很广的刀法，主要用于辅助成型，也可以单独旋刻一些弧度比较大的花瓣。旋刀法主要使用雕刻主刀，其运刀路线为弧线，雕刻出的面也是圆弧形的，就像削苹果皮似的。旋刀法操作起来有一定的难度，使用时持刀要稳，下刀要准，要贴着原料运刀，确保旋刻出的面平整而光滑。

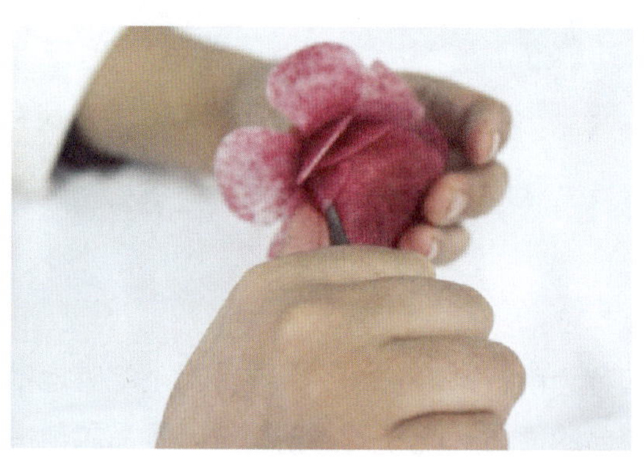

旋刀法

5. 戳刀法

戳刀法是食品雕刻中一种常用的方法。戳刀法操作简单，但用途非常广泛。戳刀法使用的工具是戳刀。雕刻时，首先将戳刀斜插入原料的表面，持刀把将戳刀匀速向前推动，可雕刻出丝、条、沟、槽等形状。戳刀法分为直戳、曲线戳、翘刀戳和翻刀戳 4 种。

（1）直戳

操作时左手拿稳原料，右手持刀，将戳刀压在原料的表面，找好进刀的点位，然后进刀，并且确认好深度或厚度，刀口朝前或向下，直线推进。

（2）曲线戳

曲线戳和直戳方法一样，只是运刀的路线是曲线，刻出的线条是弯曲的。曲线戳主要用于雕刻细长而且弯曲的形状，如鸟类的羽毛、动物的毛发等。

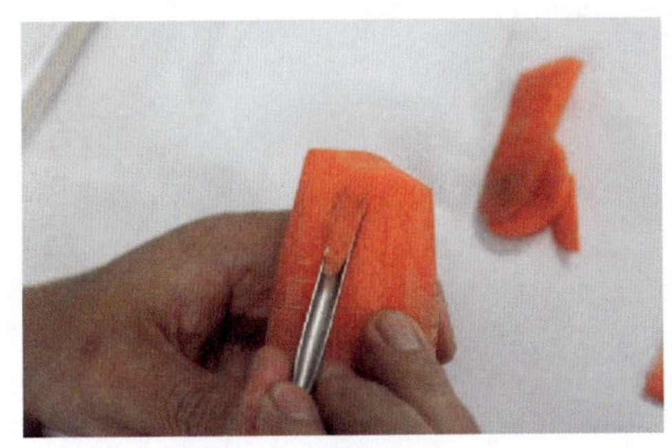
直戳

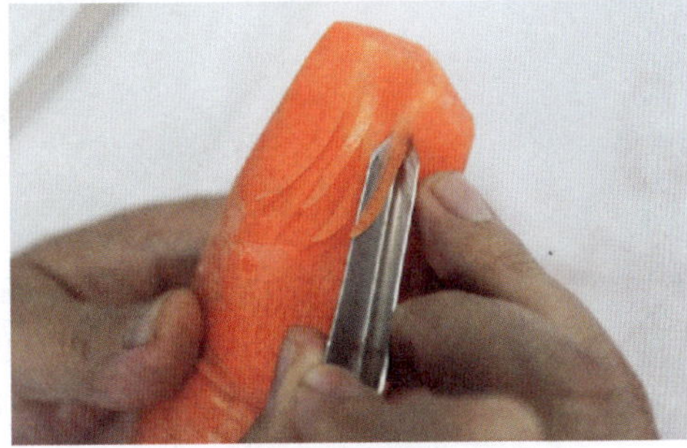
曲线戳

（3）翘刀戳

翘刀戳主要用于雕刻凹状或勺状花瓣等形状。雕刻时，左手拿稳原料，右手持刀，将戳刀压在原料表面，找好进刀的点位，先浅然后慢慢地加深，到一定深度后，刀尖慢慢往上翘，刀后部往下压，刻出的形状呈两头细的凹状或勺状，如睡莲、梅花、荷花等。

（4）翻刀戳

翻刀戳操作方法和直戳基本一致，区别是翻刀戳操作的时候进刀深度要慢慢地加深，当快要戳到位时将戳刀往上抬，再将戳刀拔出。翻刀戳特别适合雕刻鸟类的羽毛或细长形的花瓣，其特点是刻好的羽毛或花瓣用水泡后会自然翻卷。

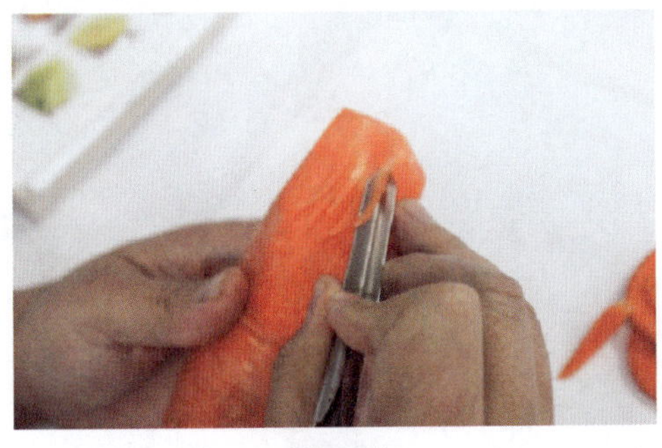
翘刀戳

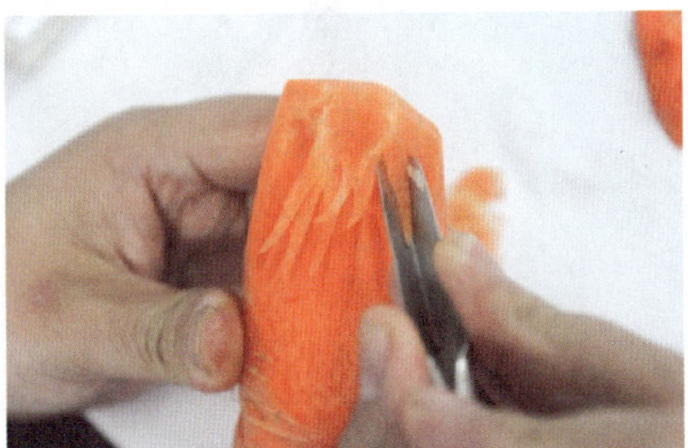
翻刀戳

6. 刻画

刻画就是用雕刻刀具像笔一样在原料上刻制图案的一种雕刻方法。刻画是雕刻工程中的一种重要的辅助手段，主要用于辅助雕刻的“取大形”，以及瓜雕、浮雕等的雕刻。刻画操作简单，但是要求雕刻者具有一定的艺术修养和美术功底。

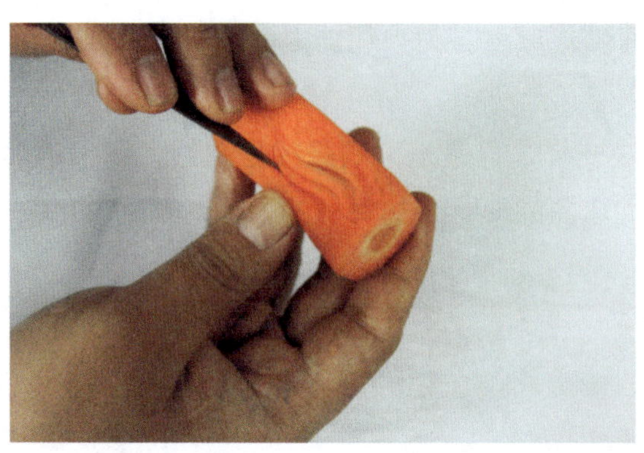

刻画

三、食品雕刻实例

1. 塔

原料：胡萝卜。

刀具：切刀、戳刀、主刻刀等。

制作方法：

（1）将原料切成正四棱形。

（2）刻屋面、屋檐等。刻第一层时，先刻出屋脊和屋面，然后刻出屋檐，再刻出墙壁和墙壁下部的走廊。需要注意的是，屋面的高度约为层高的一半。然后用同样的方法刻出其他几层。

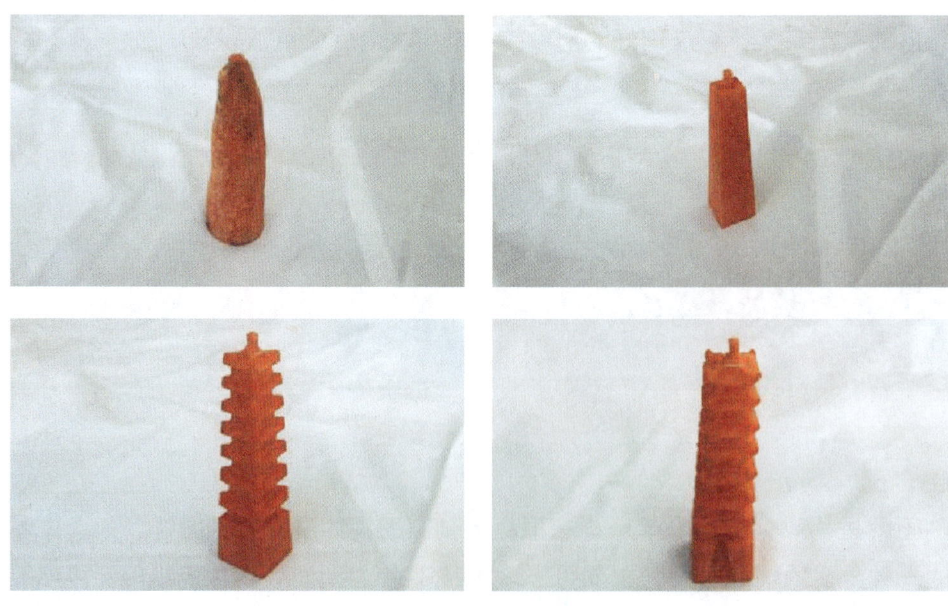

塔

（3）刻塔体结构。在每层墙体上刻出柱子或者门窗等结构。

（4）刻塔顶。刻出一款塔顶安在顶部。

（5）刻基座。将基座部位刻出台阶等结构。

（6）修整成型。将各部位稍加修整，然后放入清水中清洗片刻即可。

2. 月季花

原料：心里美萝卜。

刀具：平刀。

制作方法：

（1）取一块高度为 4 ~ 5 厘米的心里美萝卜，用刀修整一下，使其呈碗形，上下端各修出一个平面。原料越规整越便于雕刻。

雕刻花坯

（2）在原料一端的平面上确定一个中心点，并以这个点为中心画一个正五边形。以正五边形的一边作为第一层第一个花瓣的起刀处，采用刻刀法直刀斜刻，去废料后形成一个扇形的平面。用平刀把扇形平面修成桃尖形的面，作为花瓣的形状。用平刀从上往下运刀直刻，使花瓣从花坯上分离，要求花瓣上边薄、根部厚。采用以上刀法雕刻出其余 4 个花瓣，这样第一层就雕刻完成了。雕刻好后，花瓣呈向外翻卷的形状。

（3）采用旋刀法雕刻第二层花瓣。第二层花瓣的位置和前一层花瓣的位置要错开，也就是在前一层的两个花瓣之间，并且相邻的两个花瓣约有 1/3 的部位重叠。确定第二层花瓣的位置，去废料，采用旋刀法把雕刻前一层花瓣时留下的两个花瓣之间的棱角修掉，使其成一个带有一定弧度的面，要求面平整光滑。雕出第二层花瓣的形状，然后采用旋刀法使花瓣从原料上分开。雕刻出第二层余下的花瓣。

（4）用同样的方法刻出第三层花瓣。注意去废料的角度，这层花瓣要立起来，与水平面约成 85 度角。然后重复前面花瓣的雕刻方法，往里面雕刻第四层花瓣。

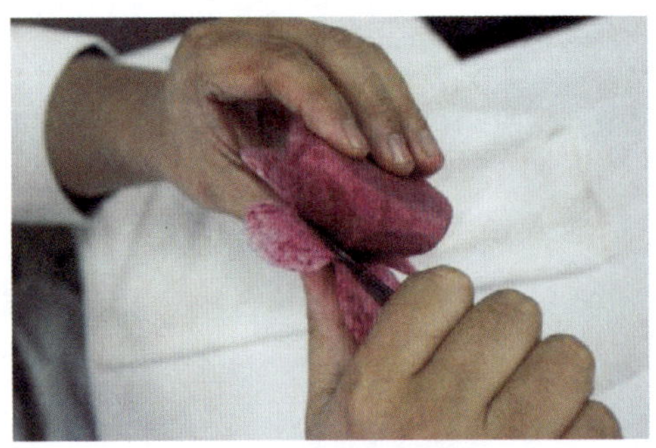

雕刻第一层花瓣

雕刻第二层花瓣

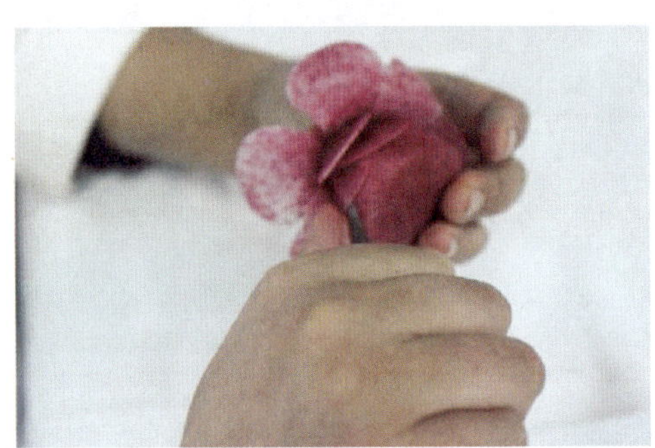

雕刻第三层花瓣

雕刻第四层花瓣

月季花

（5）刻出向内侧倾斜的花蕊。此时刀与原料的角度越来越小，刀尖逐渐向外，刀把向内。花瓣与花瓣之间重叠包裹，形成花苞。雕刻完花蕊，月季花就雕刻完成了。为了达到最佳效果，必须把雕刻好的花放入清水中浸泡片刻，然后拿出来，用手指将花瓣稍往外翻，再放入水中浸泡一会儿，使其呈现出外层花瓣盛开，而花蕊含苞待放的效果。

3. 五瓣月季

原料：心里美萝卜或白萝卜、胡萝卜。

刀具：直刀。

制作方法：

（1）将心里美萝卜用直刀打圆，刻成直径 5 厘米、高 4 厘米的球冠形。

（2）直刀刻出花瓣外形，两刀交于一点，刻下边料，此时花瓣的外形轮廓也就刻出了。

制坯

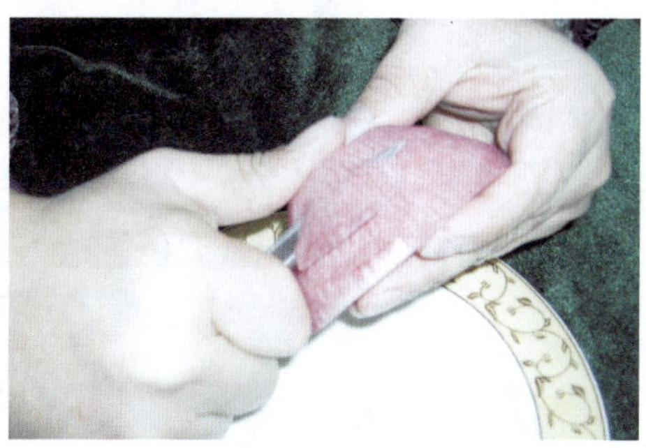
刻出花瓣外形

（3）直刀刻去五块边料，然后刻出花瓣。外层花瓣刻完后，用直刀刻去中间原料的棱，使其形成另一方位的五棱体，以便使第二层花瓣与第一层交错开。

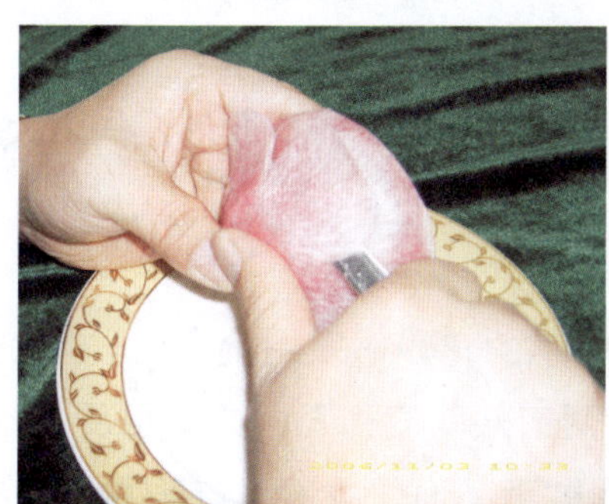

刻出第一层花瓣

（4）继续刻第二层花瓣，然后以上述同样方法刻第三层，直至刻完。刻每层花瓣的雕刻方法完全一样，且每层花瓣都必须五瓣。在雕刻过程中，随着原料的缩小，花瓣也要随之缩小。

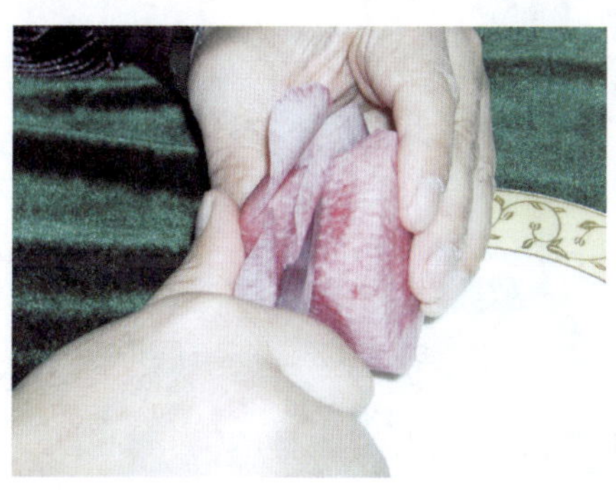

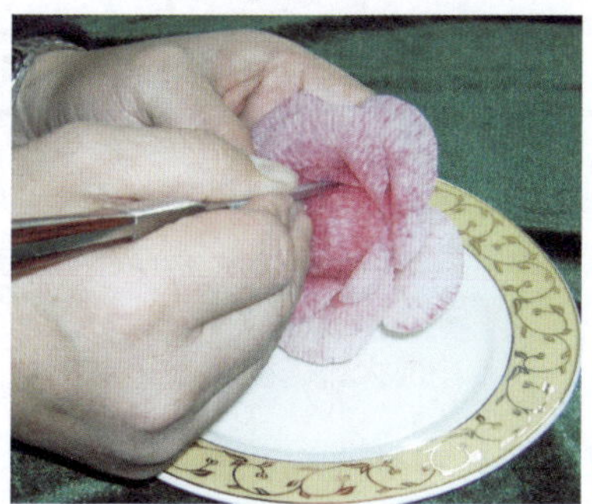

刻出第二层花瓣

五瓣月季

4. 大丽花

原料：心里美萝卜。

刀具：直刀、U 形刀。

制作方法：大丽花的雕刻方法与其他花卉的雕刻方法完全不同。其他花卉是先刻花瓣，后刻花蕊，而大丽花是先刻花蕊，后刻花瓣，方便从里层向外层刻，从上向下刻。

（1）用直刀将原料去皮，削成直径 4 厘米、高 3 厘米的球冠形，作为大丽花初坯，然后将原料的顶部切去，使其成平面。

（2）用 U 形刀在平面的中央刻出花蕊。

（3）用 U 形刀先刻靠近花蕊处第一层较小的花瓣，采用叠片法。用 U 形刀从左倾斜着刻进一刀，再从右倾斜着刻进一刀（两刀倾斜度相同，方向相反），两刀相交，取出中间的原料。然后在刚才刻出的 V 字形截面下面，顺着 V 字形两边再刻进两刀，在 V 字形底部尖角处刻断，大丽花 V 字形花瓣就形成了，第一层花瓣就独立地体现出来。

削成大丽花初坯

刻出花蕊和第一层花瓣

（4）随后再换略大一点的 U 形刀在下面的平面上用同样的方法刻第二、三、四、五层花瓣即成。

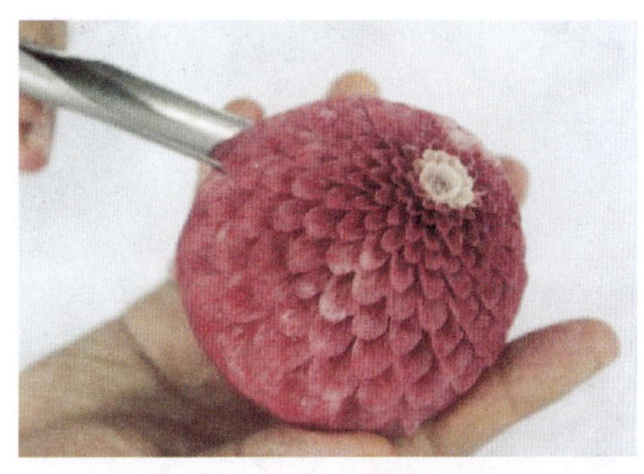

大丽花

5. 玫瑰花

原料：心里美萝卜。

刀具：直刀。

制作方法：

（1）将心里美萝卜用直刀刻成直径 5 厘米、高 4 厘米的球冠形。

（2）用直刀在圆平面刻去边料，使之呈“凹凸”状，直刀均匀地刻出第一层花瓣后，刻去一层中间的剩料，再刻第二层花瓣。外三层花瓣向外翻卷的程度要大，里三层花瓣要向里卷，运刀时要注意变换角度。

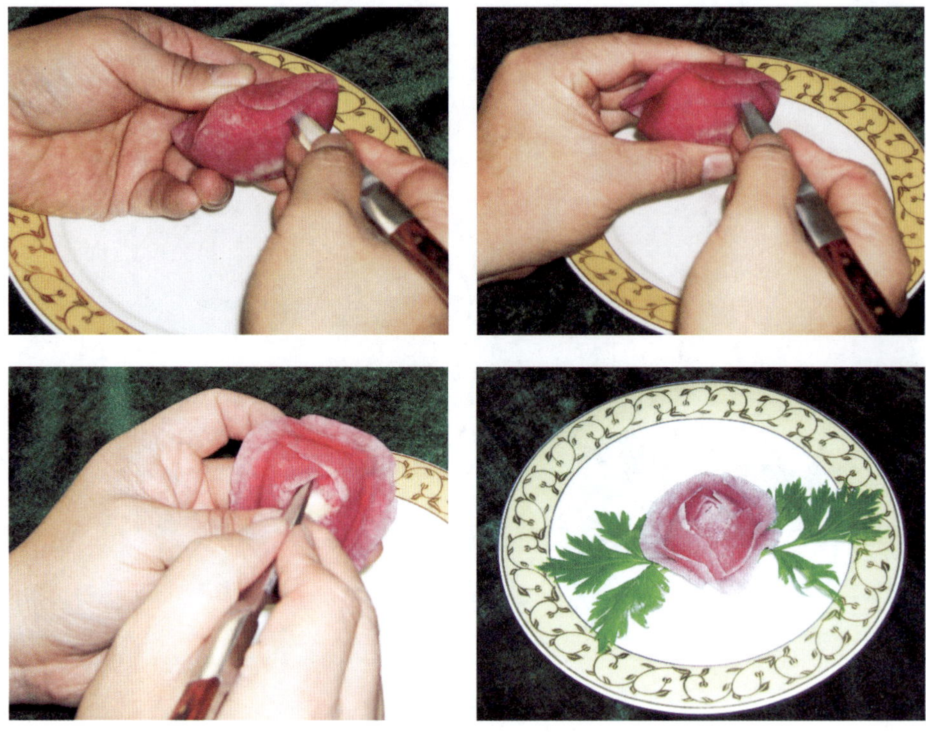

玫瑰花

6. 山茶花

原料：心里美萝卜。

刀具：直刀、平刀。

制作方法：

（1）将心里美萝卜用直刀打圆，刻成直径 5 厘米、高 4 厘米的球冠形。

（2）在原料 2/3 高度的位置，分别削出 5 个斜平面，使底部呈五边形，再修去斜平面上的角，使花瓣呈圆弧形。

（3）用平刀从上往下运刀直刻，使花瓣从花坯上分离，要求花瓣上边薄，根部稍厚。采用以上刀法和手法雕刻出余下 4 个花瓣。

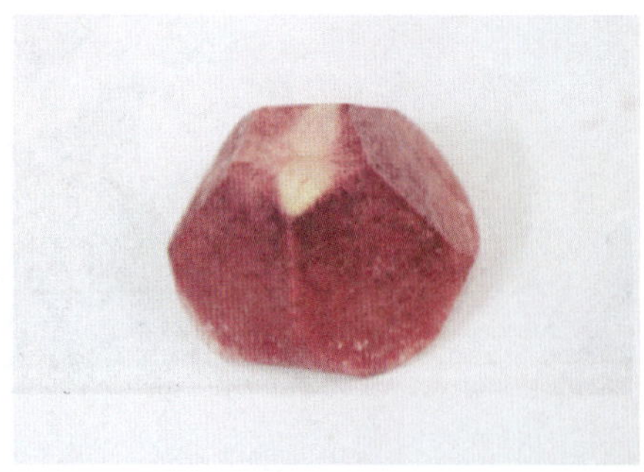

制花坯

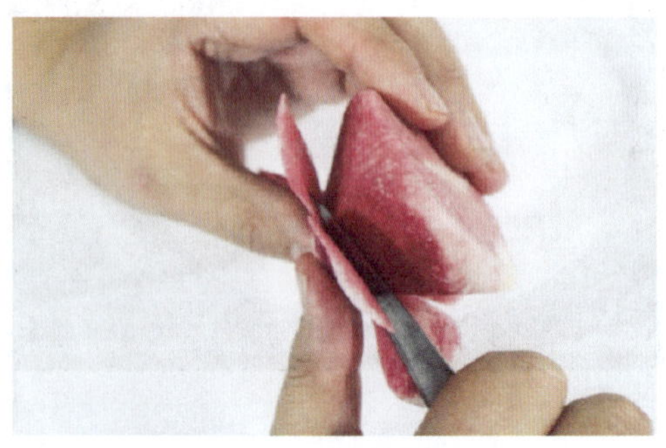

刻出第一层花瓣

（4）去掉每两个花瓣之间的三角余料，做出第二层花瓣的平面，再在平面上刻出花瓣，如此重复，共刻三层。

（5）从第四层开始每挑削一块三角形余料即做一个花瓣，直至完成。

刻出第二层花瓣

山茶花

7. 菊花

原料：白萝卜。

刀具：直刀、小号 U 形刀。

制作方法：

（1）用直刀将白萝卜剥去外皮，使其成高 6 厘米、直径分别为 4 厘米（大）和 2 厘米（小）的台柱形。

（2）用小号 U 形刀从萝卜的顶部（大直径）下刀，从上向下雕刻，这样刻成的花瓣比较细长。可以顺着一个方向刻，也可以顺刻一刀逆刻一刀，不过这样难度大一些。

（3）直刀刻去下边料，成圆柱形，在第一层花瓣之间用小号 U 形刀刻出第二层花瓣，同样方法刻出第三、四、五层即成。

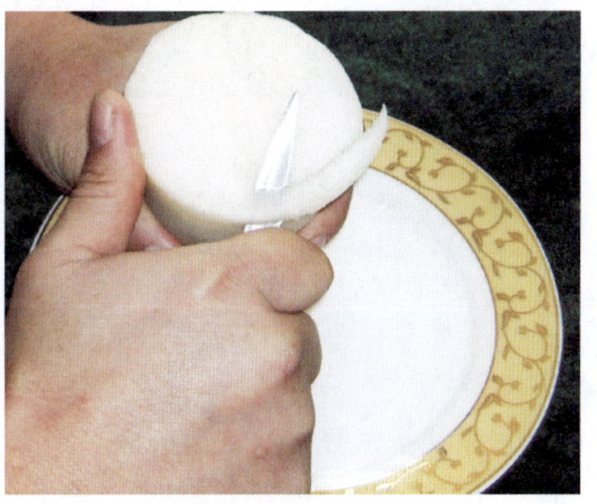

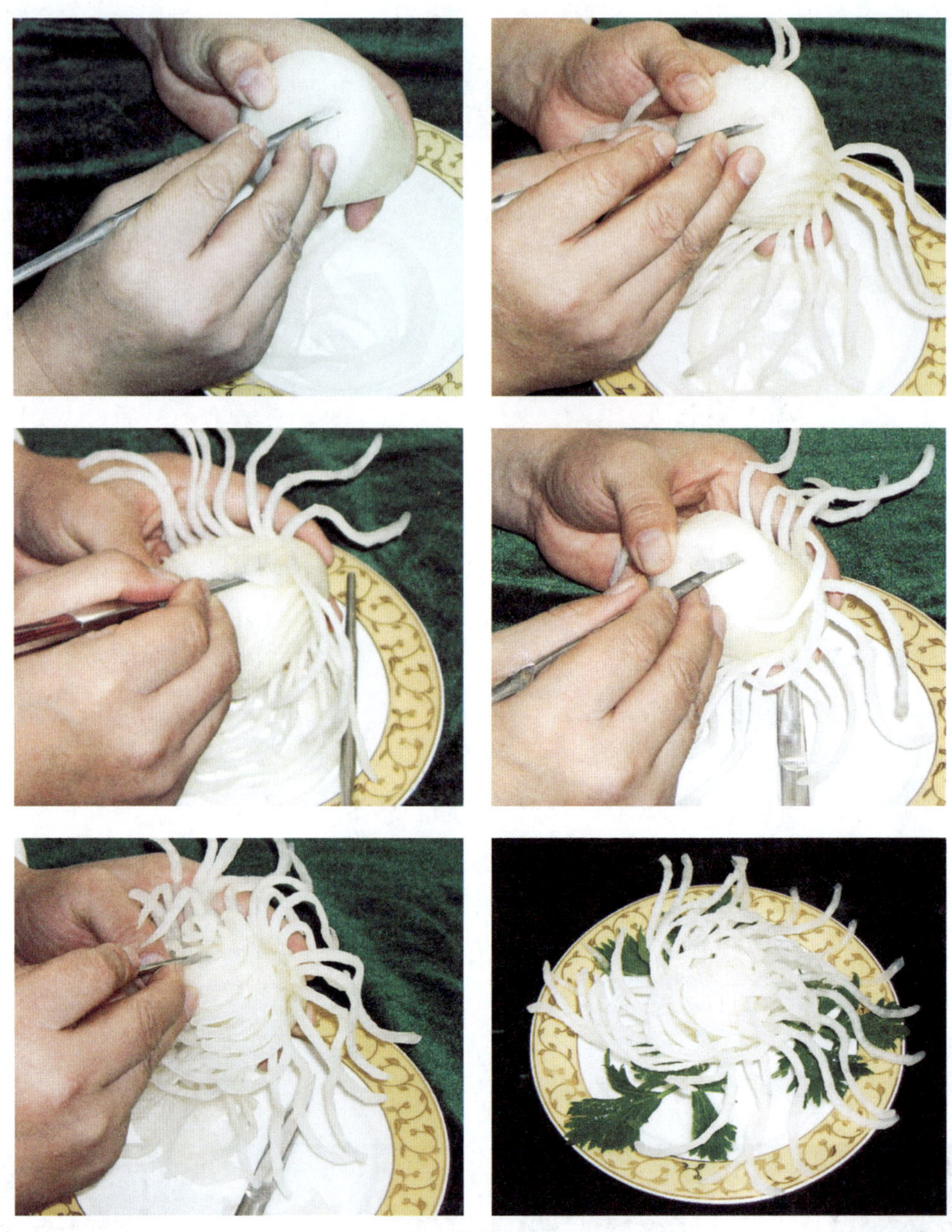

菊花

8. 马蹄莲

原料：长白萝卜、胡萝卜。

工具：直刀、U 形刀、502 胶水。

制作方法：

（1）先将长白萝卜用直刀刻成马蹄莲的初坯。

（2）用直刀将花瓣外形刻出。用 U 形刀先沿壁插入坯中的 1/3 处，旋刻一周；然后再向底部插入 1/3，再旋刻一周；最后将刀直插到底部旋刻一周，将中间原料取出，留下外层原料，即花瓣。

（3）另取一节胡萝卜，将其刻成垒球棒状，然后放入花瓣中，用502胶水固定。

马蹄莲

9. 大虾

原料：胡萝卜。

刀具：直刀、V 形刀。

制作方法：

（1）将原料切成高是宽的 2 倍、长是高的 4 倍形状，虾头的长度和虾的身体长度相等，然后做出大形。

（2）将大虾由头向尾在虾身体两侧去料，头宽尾细。做虾头部时从虾枪做起，虾的眼睛在虾头的中间，虾头腮部要向后下方倾斜。

（3）刻好头部再刻身体，虾的身体共分六节，前五节有脚，每节两只，要注意的是虾头下方去料时要凹进去一些。

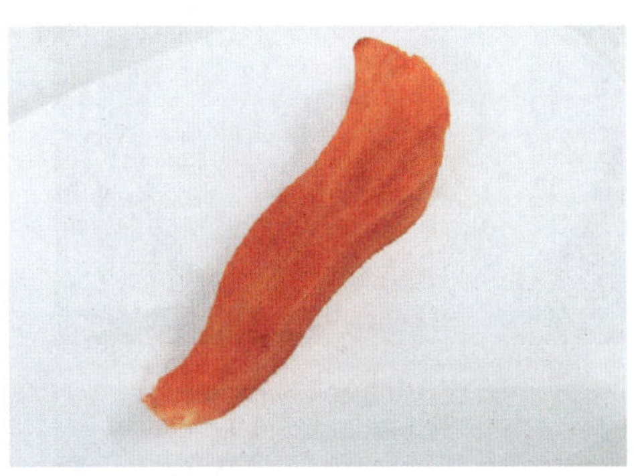

切大形

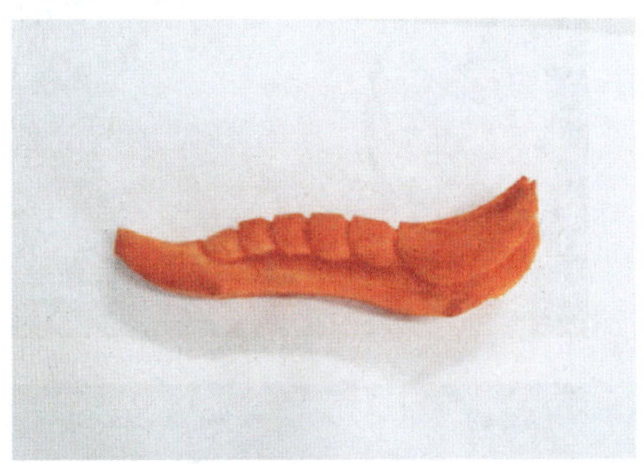

刻虾身

（4）最后，用 V 形刀刻出虾头下面的虾脚，另做两根虾须放在虾的眼睛下面即可。

刻虾脚

大虾

10. 鲤鱼

原料：白萝卜、青萝卜。

刀具：平刀、方口戳刀。

制作方法：

（1）取一块长约 20 厘米的青萝卜，用平刀切出一个平面，用刻线刀勾画出鲤鱼的大体轮廓。

（2）用平刀去除轮廓外部的废料，并刻出嘴部、眼部和鱼鳞。

（3）将鲤鱼细刻，另取白萝卜刻出水浪，然后进行组装即成。

鲤鱼

11. 喜鹊

原料：青萝卜。

刀具：平刀、U 形刀。

制作方法：

（1）取一个长约 30 厘米的青萝卜，用平刀将其上下两头削平。

（2）将上端 1/4 部分两侧各削去一块余料，顶部刻成三角形，从尖的一端开始刻出喜鹊的嘴、头、颈。

切坯子　　刻出喜鹊的嘴、头、颈

（3）将身体部分削成椭圆形，在两侧分别刻出喜鹊的翅膀，并用 U 形刀刻出复羽、飞羽。

（4）用 U 形刀刻出喜鹊的尾羽，刻时先浅后深、先轻后重，再除去尾下余料。

刻出喜鹊的翅膀

（5）最后刻出喜鹊的腿和爪。

喜鹊

12. 麻雀

原料：胡萝卜、青萝卜、白萝卜。

刀具：平刀、U 形刀。

制作方法：

（1）将胡萝卜洗净去皮，用平刀刻出麻雀的大形。

（2）用平刀刻出麻雀的头、嘴、尾巴轮廓。

（3）用平刀进一步刻出麻雀雏形，并用 U 形刀刻出羽毛。

（4）用胡萝卜、青萝卜、白萝卜，持 U 形刀刻出麻雀的翅膀。

（5）细刻身体各部，镶嵌翅膀，并将陪衬物组装成型即成。

麻雀

13. 展翅绶带鸟

原料：南瓜。

刀具：切刀、直刀、U 形刀。

展翅绶带鸟

制作方法：

（1）先持切刀切下南瓜的两端，随后平放，持直刀在南瓜上刻出绶带鸟大致轮廓的初坯。

（2）依据此外形线条，运刀确定绶带鸟的头、颈、身躯及腿、爪的大致部位。

（3）细刻出绶带鸟的腿、爪和长尾。

（4）最后用直刀细刻出绶带鸟的嘴部轮廓，再改持U形刀刻出鸟的翅膀并镶嵌上。

14. 瓜雕

原料：西瓜。

工具：铅笔、直刀、斜口刻刀、U形刀、V形刀、铲刀等。

制作方法：

（1）设计图案。根据宴会的性质和宴席菜点设计出合适的主题图案。

（2）画图。用铅笔将构思好的图案画在瓜的表面上。通常是先在瓜类原料上确定瓜盖、瓜身和瓜座，然后把瓜身均匀地分成3个或4个面，再在每个面上画出边框，最后在边框内画出设计好的图案内容。

（3）刻线。用斜角刀刻出阴纹线，根据造型采取阴文雕或者阳纹雕，除去多余的瓜皮，使图案更加清晰。

（4）刻突环。将瓜雕上面设计的各种花环实线浅刻，用铲刀将其铲出（涂实的地方不铲），刻成向外突出的突环状。

（5）刻镂空图案。在瓜雕表面刻出各种花纹图案，注意作品的色彩层次和造型。

（6）揭盖、掏瓜瓤。雕刻好图案后将瓜盖解开，并把瓜瓤挖空或留一定量的瓜瓤。

（7）浸泡。将雕刻好的作品在水中浸泡约15分钟，并整理瓜环和其他细节。

瓜雕

第五节　食品雕刻综合训练

在掌握食品雕刻基本技能的基础上，为了更进一步巩固和提高食品雕刻技艺，将食品雕刻作品真正运用到装饰菜肴、席面及大型食品雕刻展台制作中，有必要进行食品雕刻综合训练。

训练一

1. 训练设计：牡丹花。

2. 训练目的：通过训练，掌握牡丹花的雕刻技术及整体组装技术。

3. 训练工具：直刀、小号 U 形刀。

4. 训练准备：心里美萝卜、青萝卜、胡萝卜、502 胶水（以造型为主，不以食用为目的，使用该胶水，下同）。

5. 成品要求：制作精细，造型美观。

6. 制作方法

（1）用直刀将心里美萝卜打圆，刻成直径 5 厘米、高 4 厘米的球冠形，直刀刻去圆平面 5 块边料。

（2）刻出花瓣的外形轮廓后，用直刀抖动刻出花边（锯齿），并用同样的方法刻出其他 4 个花瓣。

（3）第二层和第三层用同样的方法刻出花瓣，每层都必须五瓣，每层之间花瓣应交错，并且随原料的缩小，花瓣也要缩小。

（4）用直刀、小号 U 形刀将胡萝卜刻出花心，将青萝卜刻成花叶点缀组装，用

502 胶水固定即成。

7. 操作关键

（1）选料讲究，质地新鲜，水分充足。

（2）刀工精细，层次分明。

（3）组装形态自然，色泽搭配合理。

训练二

1. 训练设计：白鹭。

2. 训练目的：通过训练，掌握白鹭的雕刻技术及整体组装技术。

3. 训练工具：直刀、U 形刀、V 形刀。

4. 训练准备：白萝卜、青萝卜、胡萝卜、花椒籽、502 胶水。

5. 成品要求：造型美观，活泼可爱。

6. 制作方法

（1）用直刀将白萝卜刻成两只不同姿态白鹭的大致轮廓。

（2）持直刀配合 U 形刀雕刻出白鹭不同姿态的翅膀，再改持 V 形刀在尾部刻出白鹭的尾羽，接着又持直刀从胡萝卜坯料上刻取出两只白鹭的喙、爪，最后均用 502 胶水组装固定。

（3）将青萝卜雕刻成树枝作为陪衬物，最后粘上花椒籽作为白鹭眼，用 502 胶水固定即成。

7. 操作关键

（1）掌握好白鹭的外形、比例及动态。

（2）按照白鹭身躯部位分组雕刻。

（3）组装活灵活现，背景适宜。

牡丹花

白鹭

训练三

1. 训练设计：鹤。

2. 训练目的：通过训练，掌握鹤的雕刻技术及整体组装技术。

3. 训练工具：直刀、U 形刀、V 形刀。

4. 训练准备：白萝卜、胡萝卜、青萝卜、心里美萝卜、花椒籽、502 胶水。

5. 成品要求：亭亭玉立，活泼可爱。

6. 制作方法

（1）用直刀将白萝卜刻成鹤的大致轮廓。

（2）持直刀配合 U 形刀雕刻出鹤的翅膀，再改持 V 形刀在尾部刻出鹤的尾羽，接着又持直刀从胡萝卜坯料上刻取出鹤的喙、爪，最后均用 502 胶水组装固定。

（3）将青萝卜、心里美萝卜雕刻成树枝作为陪衬物，最后粘上花椒籽作为鹤眼，用 502 胶水固定即成。

7. 操作关键

（1）按照鹤的比例特征选料。

（2）鹤的造型逼真，动态优美。

（3）刀工处理羽翎部分细腻，层次分明。

训练四

1. 训练设计：和谐。

2. 训练目的：通过训练，掌握人物、花鸟的雕刻技术及整体组装技术。

3. 训练工具：直刀、U 形刀、V 形刀。

4. 训练准备：白萝卜、青萝卜、胡萝卜、心里美萝卜、花椒籽、502 胶水。

5. 成品要求：动态各异，惹人喜爱。

鹤

和谐

6. 制作方法

（1）用直刀将胡萝卜刻成两只形态各异的绶带鸟的大致轮廓。

（2）持直刀配合 U 形刀将胡萝卜雕刻出绶带鸟不同姿态的翅膀，再改持 V 形刀在尾部刻出绶带鸟的尾羽，接着又持直刀从胡萝卜坯料上刻取出两只绶带鸟的喙、爪，用 502 胶水组装固定，最后粘上花椒籽作为鸟眼即成。

（3）将白萝卜、青萝卜、心里美萝卜雕刻出吉他等陪衬物，用 502 胶水组装固定。

（4）用直刀将胡萝卜雕刻出童子大致轮廓的初坯，再用直刀雕刻出童子的面部、头部、身躯、手臂及衣物，用 502 胶水固定即成。

7. 操作关键

（1）根据绶带鸟的结构特征，设计出两只鸟的不同姿态。

（2）掌握好鸟各部位的比例。

（3）刀工娴熟，制作细腻。

（4）组装完美，色彩搭配和谐。

训练五

1. 训练设计：精打细算。

2. 训练目的：通过训练，掌握花鸟的雕刻技术及陪衬物的整体组装和造型技术。

3. 训练工具：直刀、U 形刀、V 形刀。

4. 训练准备：白萝卜、青萝卜、胡萝卜、心里美萝卜、花椒籽、502 胶水。

5. 成品要求：动态各异，惹人喜爱。

6. 制作方法

（1）用直刀将胡萝卜刻成两只形态各异的凤头鸟的大致轮廓。

（2）持直刀配合 U 形刀将胡萝卜雕刻出凤头鸟不同姿态的翅膀，再改持 V 形刀在尾部刻出凤头鸟的尾羽，接着又持直刀从胡萝卜坯料上刻取出两只凤头鸟的喙、爪，用 502 胶水组装固定，最后粘上花椒籽作为鸟眼即成。

（3）将白萝卜、青萝卜、心里美萝卜雕刻出树和花等陪衬物，用 502 胶水组装固定。

（4）用直刀将青萝卜雕刻出算盘大致轮廓的初坯，再用直刀雕刻出算盘珠等陪衬物，用 502 胶水固定即成。

7. 操作关键

（1）构思设计出两只鸟不同姿态的造型。

（2）刀工处理细腻，组装完美。

（3）背景设计怡人。

训练六

1. 训练设计：双凤牡丹。

2. 训练目的：通过训练，掌握凤凰的雕刻技术及陪衬物的整体组装和造型技术。

精打细算

双凤牡丹

3. 训练工具：直刀、U 形刀、V 形刀。

4. 训练准备：青萝卜、胡萝卜、心里美萝卜、白蛋糕、可可糕、花椒籽、502 胶水。

5. 成品要求：动态各异，活泼可爱。

6. 制作方法

（1）用直刀将胡萝卜刻成两只形态各异的凤凰的大致轮廓。

（2）持直刀配合 U 形刀将青萝卜、胡萝卜雕刻出凤头及身躯羽翎，然后分别刻出不同姿态的翅膀、尾羽部，再改持 V 形刀刻出羽翎，接着又持直刀从青萝卜、胡萝卜坯料上刻取出双凤的喙、爪，用 502 胶水组装固定，最后粘上花椒籽作为凤眼即成。

（3）将白萝卜、青萝卜、心里美萝卜雕刻出花草等陪衬物，用 502 胶水组装固定。

（4）用直刀将白蛋糕、可可糕雕刻出楼阁大致轮廓的初坯，再用直刀雕刻出楼阁等陪衬物，用 502 胶水固定即成。

7. 操作关键

（1）把握好凤凰的结构与特征。

（2）按照比例处理好各个部位，羽翎雕刻细腻，层次分明。

（3）背景与组装完整，突出作品的艺术特点。

训练七

1. 训练设计：如意锦鸡。

2. 训练目的：通过训练，掌握锦鸡、如意的雕刻技术及陪衬物的整体组装和造型技术。

3. 训练工具：直刀、U 形刀、V 形刀。

4. 训练准备：青萝卜、胡萝卜、心里美萝卜、白萝卜、花椒籽、502 胶水。

5. 成品要求：动态各异，活泼可爱，色彩美观。

6. 制作方法

（1）用直刀将胡萝卜刻成锦鸡的大致轮廓。

（2）持直刀配合 U 形刀将胡萝卜雕刻出锦鸡头及身躯，然后分别刻出不同姿态的翅膀、尾羽部，再改持 V 形刀刻出羽翎，接着又持直刀刻取出锦鸡的喙、爪，用 502 胶水组装固定，最后粘上花椒籽作为锦鸡眼即成。

（3）将青萝卜雕刻出如意初坯状，用直刀刻出如意纹理，再将心里美萝卜、胡萝卜、青萝卜、白萝卜雕刻出花卉等陪衬物作为点缀，用 502 胶水组装固定即成。

7. 操作关键

（1）根据构思选择好原料。

（2）掌握好鸟、花、如意等作品的结构比例，逐项雕刻。

（3）雕刻纹理要清晰，特点要突出。

训练八

1. 训练设计：莲花双鹤。

2. 训练目的：通过训练，掌握双鹤、莲花的雕刻技术及陪衬物的整体组装和造型技术。

如意锦鸡

莲花双鹤

3. 训练工具：直刀、U 形刀、V 形刀。

4. 训练准备：白萝卜、青萝卜、胡萝卜、心里美萝卜、鱼盆、花椒籽、502 胶水。

5. 成品要求：动态各异，活泼可爱，色彩美观。

6. 制作方法

（1）用直刀将白萝卜刻成双鹤不同姿态的大致轮廓。

（2）持直刀配合 U 形刀将白萝卜雕刻出双鹤头及身躯，然后分别刻出不同姿态的翅膀、尾羽部，再改持 V 形刀刻出羽翎，接着持直刀将胡萝卜刻取出双鹤的喙、爪，用 502 胶水组装固定，最后粘上花椒籽作为双鹤眼即成。

（3）用直刀将青萝卜、心里美萝卜、胡萝卜雕刻出莲花、莲叶及小鱼等陪衬物作为点缀，用 502 胶水组装固定，装入鱼盆即成。

7. 操作关键

（1）掌握好双鹤不同形态的特征。

（2）刀工处理精细，刀纹清晰，层次分明。

（3）组装完美，体现出作品的艺术效果。

训练九

1. 训练设计：鲤鱼卧莲。

2. 训练目的：通过训练，掌握鲤鱼、莲花的雕刻技术及陪衬物的整体组装和造型技术。

3. 训练工具：直刀、U 形刀、V 形刀。

4. 训练准备：白萝卜、青萝卜、胡萝卜、心里美萝卜、502 胶水。

5. 成品要求：动态美观，惹人喜爱。

6. 制作方法

（1）用直刀将胡萝卜刻成鲤鱼的大致轮廓。

（2）持直刀雕刻出鲤鱼头及身躯，然后持 U 形刀雕刻出鱼鳞，再改持 V 形刀雕刻出纹理部分。

（3）将白萝卜、青萝卜、心里美萝卜、胡萝卜用直刀雕刻出莲花、莲叶及花心等陪衬物作为点缀，用 502 胶水组装固定即成。

7. 操作关键

（1）掌握好鲤鱼的结构及动态特征。

（2）刀工关键是处理好鱼鳞上的纹理，清晰分明。

（3）组装完整，背景设计和谐。

训练十

1. 训练设计：金鱼戏莲。

鲤鱼卧莲

金鱼戏莲

2. 训练目的：通过训练，掌握金鱼、莲花的雕刻技术及陪衬物的整体组装和造型技术。

3. 训练工具：直刀、U 形刀、V 形刀。

4. 训练准备：胡萝卜、白萝卜、青萝卜、心里美萝卜、502 胶水。

5. 成品要求：动态各异，活泼可爱。

6. 制作方法

（1）用直刀将胡萝卜刻成两只金鱼的初坯形状。

（2）持直刀雕刻出金鱼头及身躯，然后持 U 形刀雕刻出金鱼鳞，再改持 V 形刀雕刻出金鱼纹理部分。

（3）将白萝卜、青萝卜、心里美萝卜雕刻出莲花、藕、莲叶等陪衬物作为点缀，用 502 胶水组装固定即成。

7. 操作关键

（1）掌握金鱼的结构特征及不同动态布局。

（2）金鱼鱼鳞的纹理要雕刻清晰。

（3）组装好莲花、藕、莲叶，陪衬点缀。

训练十一

1. 训练设计：海底世界。

2. 训练目的：通过训练，掌握鲨鱼的雕刻技术及陪衬物的整体组装和造型技术。

3. 训练工具：直刀、V 形刀。

4. 训练准备：白萝卜、青萝卜、胡萝卜、心里美萝卜、502 胶水。

5. 成品要求：形状美观，惹人喜爱。

6. 制作方法

（1）用直刀将白萝卜刻成鲨鱼的初坯形状。

（2）持直刀刻出鲨鱼头及身躯，然后持V形刀雕刻出鲨鱼尾部及胸鳍、背鳍纹理部分。

（3）将白萝卜、青萝卜、心里美萝卜、胡萝卜雕刻出陪衬物作为点缀，用502胶水组装固定即成。

7. 操作关键

（1）掌握鲨鱼的结构及特征，进行整体造型。

（2）根据设计要求，雕刻好装饰物。

（3）组装布局合理。

海底世界

训练十二

1. 训练设计：鸟语花香（一）。

2. 训练目的：通过训练，掌握喜鹊的雕刻技术及陪衬物的整体组装和造型技术。

3. 训练工具：直刀、U形刀、V形刀。

4. 训练准备：胡萝卜、青萝卜、心里美萝卜、白萝卜、花椒籽、502胶水。

5. 成品要求：动态各异，活泼可爱。

6. 制作方法

（1）用直刀将胡萝卜刻成两只不同姿态的喜鹊的大致轮廓。

（2）用U形刀雕刻出喜鹊头颈及身躯，然后刻出不同姿态的翅膀、尾羽部，再改持V形刀刻出羽翎，接着又持直刀刻取出两只喜鹊的喙、爪，用502胶水组装固定，最后粘上花椒籽作为喜鹊眼即成。

（3）持直刀将白萝卜雕刻成玉兰花，用青萝卜、心里美萝卜雕刻出其他陪衬物，然后用502胶水固定在装饰物上即成。

7. 操作关键

（1）构图简洁，动态各异。

（2）花卉在刀工处理上精细，层次分明。

（3）组装完整，色彩分明。

鸟语花香（一）

训练十三

1. 训练设计：鸟语花香（二）。

2. 训练目的：通过训练，掌握绶带鸟和牡丹花的雕刻技术及陪衬物的整体组装和造型技术。

3. 训练工具：直刀、U形刀、V形刀。

4. 训练准备：胡萝卜、青萝卜、心里美萝卜、花椒籽、502胶水。

5. 成品要求：简洁大方，惹人喜爱。

6. 制作方法

（1）用直刀将胡萝卜刻成鸟的大致轮廓。

（2）用U形刀雕刻出鸟头颈及身躯，然后刻出翅膀、尾羽部，再改持V形刀刻出羽翎，接着又持直刀刻取出鸟的喙、爪，用502胶水组装固定，最后粘上花椒籽作为绶带鸟眼即成。

（3）持直刀将心里美萝卜雕刻成牡丹花，用青萝卜雕刻出他陪衬物，然后用502胶水固定在装饰物上即成。

7. 操作关键

（1）掌握好鸟的结构、比例及动态特征。

（2）刀工利落，花鸟纹理清晰，层次分明。

（3）组合设计体现出活灵活现的艺术感。

鸟语花香（二）

训练十四

1. 训练设计：一帆风顺。

2. 训练目的：通过训练，掌握船的雕刻技术及陪衬物的整体组装和造型技术。

3. 训练工具：直刀、U 形刀、V 形刀。

4. 训练准备：白萝卜、胡萝卜、南瓜、青萝卜、心里美萝卜、502 胶水。

5. 成品要求：静中有动，气势磅礴。

6. 制作方法

（1）用直刀将青萝卜刻成船的大致轮廓，然后再改持 V 形刀刻出船面上的纹理。

（2）用直刀将白萝卜雕刻成船帆，配合 U 形刀雕刻出船帆上的小孔，另用直刀将胡萝卜雕刻出细条镶嵌在船帆上，用 502 胶水组装固定即成。

（3）持直刀将胡萝卜、南瓜、青萝卜、心里美萝卜雕刻成龙、鱼及其他陪衬物，然后用 502 胶水固定在装饰物上即成。

一帆风顺

7. 操作关键

（1）根据船的结构特征进行构思设计。

（2）各部位刀工处理要利落。

（3）整体搭配合理，体现出动态艺术效果。

思考与练习

一、简答题

1. 食品雕刻有哪些种类？
2. 列举出食品雕刻的实际应用。
3. 对食品雕刻原料的要求是什么？
4. 食品雕刻的工具有哪几种？如何使用？
5. 食品雕刻的原则有哪些？
6. 食品雕刻的步骤是什么？

二、训练题

1. 考察当地食品雕刻原料市场，说出各原料的使用范围。
2. 自己动手制作一些实用的食品雕刻工具。
3. 模仿教材范例雕刻 4 种花卉。
4. 模仿教材范例雕刻鸟、孔雀、凤凰、锦鸡。
5. 模仿教材范例雕刻虾和鱼。